わかる！使える！
射出成形入門

ものづくり人材アタッセ［編］

日刊工業新聞社

【 はじめに 】

私たちのまわりにあるいろいろなモノは、"材料"からつくられています。それらには、鉄や銅、アルミなどの金属材料、ガラスやセメント、セラミックなどの無機材料、木材や紙、繊維、ゴムなどの有機材料があります。そして、プラスチックも有機材料の1つです。

　他材料に比べてその歴史は新しいですが（1910年に米国で工業化されたフェノール樹脂が最初の合成プラスチックと言われています）、今日では精密機器、自動車、エレクトロニクス、光学機器、土木・建築、航空機、医療、包装・容器など非常に幅広い分野で使われています。特に、熱可塑性プラスチックは種類、量ともに多く、その中核となっています。ちなみに、2017年におけるわが国のプラスチック生産量は約1,100万tと報告されています（日本プラスチック工業連盟）。

　プラスチックがこのように大量に使用されている理由は、その優れた特徴にあります。第一は軽いことですが、それと並んで重要なことに成形性があり、複雑な形状をした物品を比較的容易につくることができます。したがって、プラスチックを取り扱うためには成形技術についての深い理解が必須です。

　各種成形法の中でも、特に射出成形法は生産性（大量生産に適する）、品質安定性（形状・寸法精度が高い）、応用性（形状の自由度が高い）などの面で他を凌駕し、広く実施されています。今日、自動車やエレクトロニクスに使用されている部品の多くは、射出成形で生産されています。熱可塑性プラスチックの場合は、射出成形機を使用して溶融したプラスチックを金型内に高速・高圧で充填し、急冷して固化させた後に成形品を取り出す方法です。プロセスはかなり複雑で、良好な成形品を得るためには基本原理の正しい理解が欠かせません。しかし、実際の成形現場ではいわゆるハウ・ツー的な技能の習得に追われ、そこまで手が回らないのが実情と思われます。

このたび、私どもNPO法人ものづくり人材アタッセ（略称：PHA）は日刊工業新聞社から本書執筆の依頼を受けました。私どもは、射出成

形の基本原理の理解には、特にプラスチック溶融物の流動特性（"レオロジー特性"と言われています）についての知識が不可欠、という基本的な考え方を持っています。つまり、成形に用いるプラスチック材料の性質について、よく知っていなければならないと考えています。これまでにも射出成形に関する多くの書籍がすでに出版されていますが、本書はレオロジーの視点を取り入れていることが大きな特徴です。

　本書は上記の観点に立ち、PHAメンバーの各分野の専門家8人により、第1章は射出成形の原理、レオロジー、第2章は材料、成形機、金型、成形品設計、成形条件設定、品質、第3章は射出成形での現場作業、トラブル対策、工程管理、使用機器のメンテナンスなどについて、分担して解説させていただきました。

　本書は入社3年程度までの初心者や初級技術者を主な読者対象としていますが、社内教育用テキストや参考書として利用することも可能です。本書が射出成形に携わる、特に若い技術者の方々の技術力向上の一助になれば、執筆者一同にとりましてこの上ない喜びです。最後になりましたが、本書発行の機会を与えていただきました日刊工業新聞社出版局書籍編集部矢島俊克氏に深く感謝を申し上げます。

平成30年5月

執筆者一同

わかる！使える！射出成形入門

目　次

【第1章】
射出成形　基本のキ！

1　射出成形の原理

- 溶かす（流す）①　可塑化工程と成形機の動作・**8**
- 溶かす（流す）②　樹脂の流動性と融点、ガラス転移点の関係・**10**
- 溶かす（流す）③　樹脂の流動性データとその測定法・**12**
- 流す（形にする）①　樹脂の流動過程と成形機・金型内の樹脂流動・**14**
- 流す（形にする）②　樹脂流動と粘弾性・**16**
- 流す（形にする）③　樹脂流動と配向、異方性・**18**
- 固める　固化における金型内の樹脂挙動・**20**

2　射出成形とレオロジー

- 高分子融液の示す粘性と弾性・**22**
- 粘弾性発現のルーツと流れ性に影響する因子・**24**
- プラスチックの擬塑性流動特性・**26**
- 各種プラスチックの流動特性・**28**
- プラスチックの粘度に影響を及ぼす分子量と分子量分布・**30**
- 貯蔵弾性率と粘度に及ぼす分岐度の影響・**32**

【第2章】
成形準備と段取りの要点

1　射出成形を実現する3つの要素

- 材料①　プラスチックとは・**36**
- 材料②　プラスチックの種類と性質・**38**
- 材料③　配合剤の添加目的とコンパウンディング・**40**

- 材料④　配合剤（添加剤・充填材・強化材）の種類と機能・**42**
- 射出成形機①　射出成形機の概要・**44**
- 射出成形機②　射出成形機の構造・**46**
- 射出成形機③　射出成形機の保守管理・**48**
- 射出成形機④　付帯設備の構成・**50**
- 金型①　射出成形用金型の基礎・**52**
- 金型②　スプルー・ランナー・ゲートシステム・**54**
- 金型③　ゲートの種類・**56**
- 金型④　アンダーカットへの対応・**58**
- 金型⑤　温調システム・**60**
- 金型⑥　成形品突き出し方式・**62**
- 金型⑦　金型設計におけるレオロジーへの配慮・**64**

2　射出成形品を設計する勘どころ

- 基本的な3つの考え方・**66**
- 成形材料の選定①　材料選定の手順・**68**
- 成形材料の選定②　非晶性プラスチックと結晶性プラスチック・**70**
- 成形材料の選定③　実用上の選定ポイント・**72**
- 成形品設計①　設計基準とは・**74**
- 成形品設計②　成形収縮率とは・**76**
- 成形品設計③　金型で定まる寸法と定まらない寸法・**78**
- 製品設計①　プラスチックの長所と短所・**80**
- 製品設計②　製品設計の留意点・**82**
- 製品設計における粘弾性への配慮・**84**

3　成形条件の設定

- 成形工程と成形条件の関係・**86**
- 条件設定に必要な事項①　図面・使用材料・**88**
- 条件設定に必要な事項②　成形機の仕様確認・**90**
- 条件設定に必要な事項③　金型の仕様確認・**92**
- 条件設定項目①　射出圧力・速度・**94**
- 条件設定項目②　射出・保圧・冷却時間・**96**
- 条件設定項目③　温度設定・**98**
- 条件設定項目④　型締めに関する事項・**100**
- 成形条件の粗条件の出し方・**102**

- 最適条件を割り出すポイント・**104**
- 新型試作から量産までの過程・**106**
- 成形条件設定とレオロジーの関係・**108**

4　成形品の品質確保のポイント

- 品質に関する姿勢・**110**
- プラスチック成形品の品質を左右する要素・**112**

【第3章】
生産効率を高める射出成形の着眼点

1　生産性に表れる金型交換作業

- 外段取り作業①　次材料の準備および予備乾燥・**116**
- 外段取り作業②　次金型の予備加熱（使用する材料による）・**118**
- 外段取り作業③　金型温調機の準備（ヒートアップ）・**120**
- 外段取り作業④　取出機のチャック板（ハンド）の交換準備・**122**
- 外段取り作業⑤　ストッカーおよびコンベアなどの交換準備・**124**
- 内段取り作業①　金型の交換作業・**126**
- 内段取り作業②　成形機の準備・**128**
- 内段取り作業③　材料の交換・**130**
- 内段取り作業④　付帯設備の交換・**132**

2　成形トラブルと対策

- 射出成形に必要な生産技術・**134**
- 成形不良現象はどの工程で発生するのか・**136**
- 不適合品を未然に防ぐ方策・**138**
- 具体策①　外観不良対策・**140**
- 具体策②　寸法不良対策・**142**
- 成形不良対策のためのレオロジー・**144**

3　工程管理のポイント

- プラスチック成形での工程管理・**146**

4　効果的なメンテナンスの進め方

- ・金型の日常管理と定期補修・**148**
- ・長期保管における金型の管理・**150**
- ・成形機の点検と補修・**152**
- ・付帯設備の点検と保守・**154**

コラム

- ・黒点・異物不良の原因について・**34**
- ・検査と品質の関係・**114**
- ・成形条件における不確定性・**156**

- ・索引・**157**

【 第**1**章 】

射出成形 基本のキ！

〔1〕 射出成形の原理

溶かす（流す）①
可塑化工程と成形機の動作

❶樹脂を溶融する原理

　射出成形機は、粒状のプラスチック材料を加熱シリンダーの中で、外部ヒーターによる加熱（200〜400℃）と、スクリューの回転とシリンダー内壁とのせん断力やせん断による摩擦により、可塑化（混練して溶融）する工程があります（**図1-1**）。スクリューは、左回転しながらホッパー口から落下したプラスチック材料をシリンダー先端に送ります。このとき、溜まる溶融樹脂にスクリューが押し戻されるのを、背圧で混練性をコントロールしながら溶かすことにより、発生する溶融樹脂からのガスをホッパー口から排気します。材料ごとに設定されるシリンダー温度は異なり、目安は**表1-1**のようになります。

　射出成形機は、シリンダー内で可塑化混練と材料の計量を行います。計量値は射出容量の30〜50%程度が適切で、多くても70%程度とされています。計量が多過ぎると、樹脂の可塑化の際にスクリューの供給部（フィードゾーン）での予熱時間が短くなります。そのため、溶融樹脂の混練度が可塑化前半と違いが生し、精密成形品では樹脂密度の違いによる寸法精度や強度のバラツキへの影響が出る可能性が高くなります。また、計量が少な過ぎるとシリンダー内での溶融樹脂の滞留時間が長くなり、黄変（変色）や酸化劣化、不安定な溶融粘度による成形不良などが発生する可能性が高まります。

❷混練の動作

　供給部の上にあるホッパー口からプラスチック材料を供給し、可塑化混練を行います。材料の供給量はスクリューの供給ゾーンが満杯になる自然落下より、ガスの排気性などを考慮し、供給を限られた分量に限定するフィーダーによる（飢餓供給）方法が好ましいです（**図1-2**）。

　シリンダーのバンドヒーターの設定温度は、先端部のヒーターからホッパー側のヒーターに向かって徐々に温度を低く設定します。その程度は材料メーカーの技術資料を参考とし、製品形状に合わせた溶融樹脂の流動性が得られる粘度に調整します。

　溶融粘度の低いものは「流動性が良い」、または「高流動」と表現され、一般に射出成形が容易になります。溶融樹脂に、高い温度下に長く曝されるとガ

第1章　射出成形 基本のキ！

図 1-1　可塑化のための構造

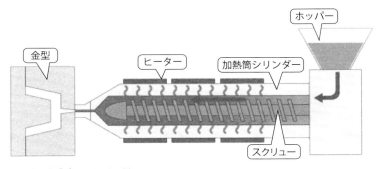

出所：日精樹脂工業「プラスチックの話」

表 1-1　樹脂別溶融温度の違い

| 汎用プラスチック || 汎用エンプラ || スーパーエンプラ ||
樹脂名	成形温度（℃）	樹脂名	成形温度（℃）	樹脂名	成形温度（℃）
PE	180～260	POM	175～210	PAR	250～350
PP	180～280	PA6	230～290	PPS	310～350
RPVC	160～200	PA66	250～300	PSU	340～370
PS	170～260	PBT	230～270	PEEK	365～420
ABS	180～270	PC	250～320	PAI	340～370
PMMA	170～270	m-PPE	240～320	LCP	285～360

図 1-2　スクリュー構造

〔スクリュー全体〕

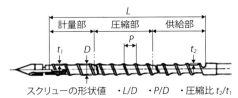

スクリューの形状値　・L/D　・P/D　・圧縮比 t_2/t_1

〔スクリュー溝部詳細〕

スの発生が多くなり、成形品表面のくもりや分子鎖が切れ、引張強さなど機械特性が低下します。

> **要点　ノート**
>
> プラスチック材料をシリンダー内で溶かすための条件は、シリンダーの設定温度×スクリューの回転数×スクリュー背圧力×計量値×滞留時間です。これらの設定を最適化した上で、成形条件を設定する作業が始まります。

9

【1 射出成形の原理

溶かす（流す）②
樹脂の流動性と融点、ガラス転移点の関係

❶樹脂の流動性の相違

熱可塑性樹脂は、非晶性樹脂と結晶性樹脂に分けられます。非晶性樹脂は、分子が不規則に並んでいます。一方の結晶性樹脂は、分子が規則的に整列している部分（結晶部）と不規則に並んだ部分（非晶部）からなっています。

熱可塑性樹脂の溶融時の粘度（流動性）は、融点（Tm）未満の温度領域では固体状態であるものの、融点（Tm）以上に加熱すると溶融（流動化）し、流動性を示すようになります。結晶性樹脂と非晶性樹脂ではその挙動が異なり、特定の融点（Tm）を持つ結晶性樹脂に対し、明確な融点（Tm）を持たない非晶性樹脂は、ガラス転移点（Tg）から非晶部分の液体化・ゴム化により徐々に溶融し始め、流動性を示すようになります（図1-3）。

❷融点とガラス転移点

融点（Tm）は、結晶性樹脂の結晶部分の融解を指します。非晶部分が流動化していても、結晶部分があるため固体は維持されます。つまり、TmとTgの間のガラス状態での固化時の挙動として、固体のようでも少し動けるというときに配列しやすくなり、結晶化が進むことになります（表1-2）。

結晶化は、分子が規則正しく配列することです。Tmを超えて溶融状態にあるときは、結晶性プラスチックの結晶も融解するため、非晶性樹脂と同様にランダムな分子配列になります。

溶融状態では液体であるため自由に動くことができ、配列は起こりません。結晶性樹脂のガラス転移点（Tg）がもたらす影響に関しては、Tgを境に強度の低下が起こります。PA6、PA66などは、ともに温度依存性のデータでは、ガラス転移点（Tg：50〜60℃）付近で強度低下が大きくなり始めています。

熱可塑性樹脂の流動性は、温度や圧力の変化によって溶融粘度特性を変化させるだけでなく、樹脂の分子量に依存した傾向（分子量が高いほどTmは高い）を示し、主鎖にアミド基やベンゼン環を導入するとTmは高くなる特性も示します。その一方、強化グレードやエラストマー改質グレードでは強化材・改質材の含有率などの影響や難燃化の影響を受けることから、必ずしも分子量に相関した流動性とならない場合があります。

第 1 章 射出成形 基本のキ！

図 1-3 | 非晶性樹脂と結晶性樹脂の溶融挙動

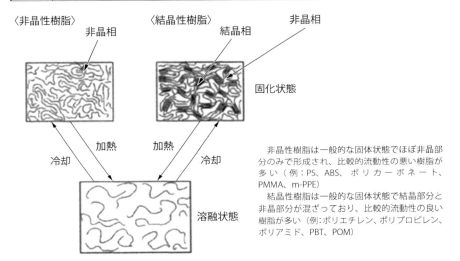

非晶性樹脂は一般的な固体状態でほぼ非晶部分のみで形成され、比較的流動性の悪い樹脂が多い（例：PS、ABS、ポリカーボネート、PMMA、m-PPE）

結晶性樹脂は一般的な固体状態で結晶部分と非晶部分が混ざっており、比較的流動性の良い樹脂が多い（例：ポリエチレン、ポリプロピレン、ポリアミド、PBT、POM）

表 1-2 | 融点・ガラス転移点の目安

分類	樹脂名	結晶融点Tm（℃）	ガラス転移点Tg（℃）
非晶性	PVC	—	80
	PS		90
	ABS		120
	PMMA		100
	PC		145
	PSU		190
結晶性	PE	141	-125
	PP	180	0
	PA6	225	50
	PA66	265	50
	POM	180	-50
	PPS	290	88
	PEEK	343	143

注：上記の値は測定例であり、測定法・条件によって異なる値がある

要点 ノート

プラスチック材料には結晶性樹脂と非晶性樹脂があり、それぞれの特性を理解した溶融条件を設定すべきです。結晶性樹脂は Tm から溶融し、非晶性樹脂は Tg から徐々に溶融を始めます。

▌1 射出成形の原理

溶かす（流す）③
樹脂の流動性データとその測定法

　熱可塑性樹脂の溶融時の流動性を表す方法に、メルトマスフローレート（MFR）とメルトボリュームレイト（MVR）があります。ともにヒーターで加熱されたシリンダー内で溶融した樹脂を、定められた温度と荷重（条件：通常最大21.6 kgまでの錘）の下、ピストンによりシリンダー底部に設置された規定の開口部（オリフィス：内径2.095 mm、長さ8 mm）から押し出される樹脂量で評価します。

　値はそれぞれg/10 min（MFR）とg/10 cm³（MVR）の単位で表され、結果には必ず試験条件（温度等）を明記しなくてはなりません。なお、MI（Melt Index）はMFRと同義語で、ポリオレフィンで使用されていた名称です。

●2つの樹脂流動性測定法

①A法

　ある一定時間（例：60秒）で切り取り、押し出された樹脂量の質量を測定し、次の計算式によりMFRを求めます。

$$MFR（g/10 min）=600 \times m/t$$

MFR：メルトマスフローレイト（g/10 min）

m：切り取り片の平均質量（g）

t：試料の切り取り時間間隔（60s）

600：10 min（60s × 10）

②B法

　ピストンが所定の距離を移動する時間を、エンコーダーを用いて測定し、次の計算式でMVRおよびMFRを求めます。溶融密度の測定も行われ、関連するMFRを計算するために用いられます。

$$MVR（g/10 cm^3）=427 \times L/t$$

$$MFR（g/10 min）=427 \times L \times \rho/t=600 \times m/t$$

MVR：メルトボリュームレイト（g/10 cm³）

L：所定のピストンの移動距離（cm）

t：測定時間の平均値（s）

427：ピストンとシリンダーの平均断面積0.711（cm²）× 600

| 第1章 | 射出成形 基本のキ！ |

表1-3 | MFR 測定値

MFR		MFR		MFR	
樹脂名	g/10 min	樹脂名	g/10 min	樹脂名	g/10 min
PP	5〜60	POM	3〜70	COP	7〜60
AS	10〜40	PA6/66	10〜80	PSU	7〜18
PS	5〜25	PBT	20〜10	PES	17〜30
ABS	5〜60	PC	2〜30	TPX	21〜80
PMMA	1〜35	m-PPE	7〜30	PEEK	1〜20

注：上記の値はMFRの測定値だが、測定法・条件により値が異なることがある

（基準時間秒数）

ρ：試験温度での溶融密度（g/cm³）

$\rho = m/0.711 \times L$

m：ピストンが距離Lを移動して押し出す樹脂の質量（g）

❷その他の動的測定法

表1-3に示すMFRなどは静的な測定方法である一方で、動的な測定方法としてスパイラルフロー、バーフローなどの測定方法があります。これらは、定められた金型に任意の成形条件で射出成形し、到達した流動長を測定して流動性の指標とする方法です。そのため、MFRなどよりもプラスチック材料の成形時における流動長の参考となります。

流動性はL/Tで表され、Lは流動長さ（mm）、Tは厚さ（mm）を示します。つまり、何mmの厚みのキャビティを持つ金型で成形したかを明確にする必要があるのです。

要点 ノート

プラスチック材料の流動性を示す MFR や MVR というデータは、シリンダーの設定温度の参考にします。また、スパイラルフローは厚さが 2mm 程度の成形品の流動性に、バーフローのデータは 0.5mm 程度の薄肉成形の参考になるデータです。

〔1 射出成形の原理

流す（形にする）①
樹脂の流動過程と成形機・金型内の樹脂流動

❶樹脂を射出する原理

　樹脂の流動過程は、溶融した材料を注射器の仕組みのように、ピストン（スクリュー）に圧力をかけてシリンダー前部に装着されたノズルより、金型の中に充填する工程です（**図1-4**）。金型は通常、凸型と凹型からできています。溶融樹脂は、製品の形をした隙間（キャビティ）に充填され、冷却に伴う体積収縮を補うために保持圧力が加えられ、固まるのを待ちます。

　溶融樹脂は、シリンダーの先端に計量された後、成形機のノズル、金型のスプルーやランナー、ゲートを通過してキャビティに溶融樹脂の樹脂温度が保てる速度で充填されます。その通過の過程で、さまざまな抵抗により設定した圧力の損失が起きるため、損失を想定した圧力で溶融樹脂に速度を与えながら充填します。

　樹脂に「溶かす」の工程で与えた温度は、金型のスプルー・ランナーやキャビティ表面へ接触した瞬間から熱を奪われ始めるため、可能な限り速い速度で充填することが求められます。同様にキャビティ内では製品の形状に沿って、均等に熱が奪われるように冷却回路を設置することが必要です。

　溶融樹脂は、キャビティの形状に対応した速度が与えられ、上述したように流動性を維持したまま隅々まで行きわたるように充填されます。その充填では、外観品質に影響を与えるために、スプルー・ランナー・ゲート・キャビティと通過点の形状により適宜、射出速度を変化（プログラム制御）させ、狙いの外観状態になるように工夫します。その概要を**図1-5**に示します。

❷固化層の制御

　溶融樹脂が通過した後、冷却が進むに従って製品表面部から固化層が増し、溶融樹脂の流動層が薄く狭くなります。キャビティに充填された溶融樹脂は、肉厚の中心からキャビティ面へ噴き出すように流れ、この流動挙動をファウンテンフローと呼びます（**図1-6**）。

　キャビティ面に接した溶融樹脂は急冷され、固化層（スキン層）を形成し、この固化層は厚さを増していきます。流れの速度は中心付近が最も速く、キャビティ面および固化層に近づくに連れて遅くなります。これらの流動挙動を理

14

図 1-4 | 流動過程

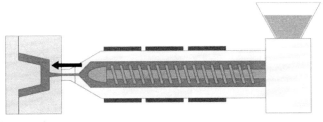

出所：日精樹脂工業
「プラスチックの話」

図 1-5 | プログラム制御の設定イメージ

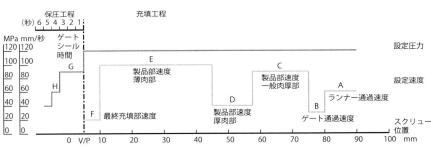

A：ランナー通過速度は問題のない限り速く
B：ゲート通過時のジェッティングやフローマーク防止のため80mmから75mmでのゲート通過速度を30mm/秒の速度に設定
C：肉厚2mm程度であれば80mm/秒程度に設定
D：肉厚の変化部でのガス発生等の外観不良対策のため57mmから45mmで40mm/秒の速度に設定
E：薄肉部は速度アップ
F：充填工程から保圧工程への切替時のバリや断熱圧縮によるガス焼け対策のために10mmから20mm/秒に設定
G：ひけ防止のため3秒間90MPaの圧力に設定
H：Gの設定時間が過ぎると内部ひずみ・変形防止のために、保持圧力を90MPa→40MPaとゲートシール時間まで段階的に設定

図 1-6 | キャビティ内での流動挙動（ファウンテンフロー）

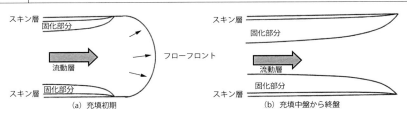

解し、厚肉部では比較的射出速度は遅く、薄肉部では射出速度を速くし、冷却によるスキン層の厚さをコントロールするのです。

要点 ノート

溶融樹脂の流動は、外部からの加熱をきっかけに溶け出し、流動しながら発熱し、流動しながら固化します。材料の状態を想像しつつ、成形機のプログラムを制御して狙いの外観をつくるのがこの工程の役割です。

流す（形にする）②
樹脂流動と粘弾性

❶粘弾性挙動をつかむ

　プラスチック材料は長い分子鎖が複雑に絡み合っているため、粘性と弾性の挙動を併せ持つ粘弾性挙動を示します。

　粘弾性とは、「粘性」＋「弾性」＝「粘弾性」、つまり液体の流れる性質「粘性」と、固体の変形する性質「弾性」を併せ持つことを意味します。粘性とは基本的に液体に見られる性質で、「粘り具合」を表します。また弾性とは、基本的に固体に見られる性質で、「元に戻ろうとする特性」のことです。プラスチック材料を溶融してスクリューで押し、キャビティの中に充填する際にはこの粘弾性を考慮することが必要です。

　具体的な現象として、速い速度でスクリューを前進させると、ファウンテンフローにより湧き出した溶融樹脂は、キャビティ表面に接すると流動速度が0mm/秒になり、中心部からは溶融樹脂が継続して湧き出てきます（図1-7）。つまり粘性と弾性を有する溶融樹脂は、ファウンテンフローによる押し出しと速度0mm/秒との界面で伸ばされながら流れるため、スクリューの前進速度が0mm/秒になると、伸ばされた溶融部に元に戻ろうとする動きが発生します。その結果、ひけや充填不足や残留ひずみなどの不具合現象が発生することになります。

❷肉厚と温度に依存

　粘度の高い溶融樹脂を速い速度で流す（変形させる）と、粘弾性の影響も大きくなります。粘度が高いことで、設定された大きな断面形状のゲートからゲートシールを待たずに保圧力を掛けるのをやめると、末端への圧力の伝達が止まり、戻ろうとする弾性の影響から逆流などが起こり、ひけの発生につながります。

　また、粘度があるためヘジテーション（ためらい現象）が表れます。これは、キャビティを充填する溶融樹脂の流れが、薄肉部・厚肉部のどちらかに分かれる際、流動層の厚い肉厚部が先に充填される傾向があることです。

　粘弾性の影響により、ランナーやゲートによって変形を強制された溶融樹脂は、ゲートから吐出した直後に強制から解放され、変形（ひずみ）を回復しま

第1章 射出成形 基本のキ！

図 1-7 | 樹脂流動のイメージ

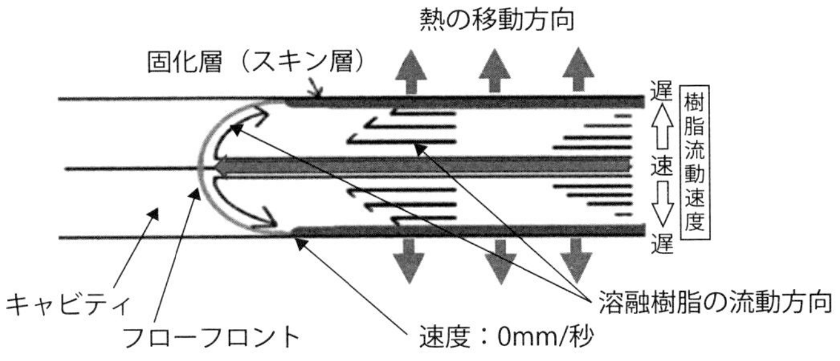

図 1-8 | 各種ポリマーの溶融粘度（温度依存性）

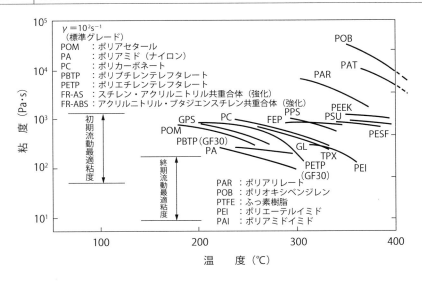

す。その結果、ゲートを通過する溶融樹脂のゲート形状側と、内部との流れに対する速度の違いによるひずみが関わり、残留応力などが発生する恐れがあります。以上は、樹脂は流れやすい方向へ流れることを示しており、また流れやすさは、肉厚と粘度（温度）に依存することがわかります（図1-8）。

要点 ノート

粘弾性の現象を少なくするためには、溶融粘度をできるだけ下げ、かつキャビティ内での流動が無理なく行えるような状態を整えることが大切です。つまり、金型温度は可能な限り高く設定し、均一（同時）に冷却固化させることです。

1 射出成形の原理

流す（形にする）③
樹脂流動と配向、異方性

❶配向とは

　溶融樹脂がキャビティに流入すると、溶融樹脂は流れの中心からキャビティ面へ湧き出すように流れていきます。このように、ファウンテンフローしてキャビティ面に接触した溶融樹脂は急冷され、急速に固化します。これにより、キャビティと溶融樹脂の間に樹脂の固化層（スキン層）が形成され、接触面から熱が奪われて固化層（スキン層）が成長します。静止している固化層と流動している溶融樹脂の境界で、ポリマー分子が流動方向に伸張されます。この整列および伸張を、配向と呼んでいます。

　流れの速度は中心付近が最も速く、キャビティ面および固化層に近づくに連れて遅くなります。そのため、初期の固化層の配向性は低く、固化すると配向は変化しません。流動層を流動する溶融樹脂が増えると固化層は加熱され、キャビティは熱を吸収します。固化層が所定の厚さに達すると平衡状態になります。

❷せん断力で生じる異方性

　異方性は、射出成形時の溶融樹脂の流動によるせん断力により、流れ方向に配向する比率が高くなることが原因で起こる現象で、通常流れ方向（MD）と垂直方向（TD）とで引張強度などが異なる現象のことです。ガラス繊維や無機フィラーで強化したPPSやPA成形品と金属製品との大きな違いの1つとして、機械的性質などの異方性が挙げられます。

　一般的に射出成形品は、キャビティ内を溶融樹脂が流れる方向（MD）の機械的強度は高く、垂直方向（TD）は低くなります。これは**図1-9**に示すように、主にガラス繊維などアスペクト比が大きい強化材が、流動層を流動する際のせん断力により、流れ方向に配向する比率が高まることが原因で起こる現象です。

　この強化材の配向は、溶融樹脂の流動状態のほかにも、成形品形状やキャビティの状態などさまざまな要因により変化します。流れ方向（MD）の機械的特性はその材料の最大値で、垂直方向（TD）は最小値（ウエルドを除く）に近い特性と考えることができます。そのため、特に垂直方向（TD）に作用す

| 図 1-9 | ガラス繊維の配向（模式図） |

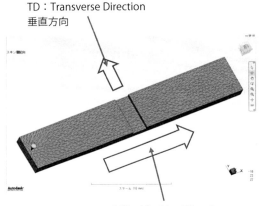

出所：オートデスク資料

る最大荷重が、流れ方向の静的強さの約1/2以上となる場合は、ゲートの最適化（位置・形状・数、製品肉厚、リブなどによる構造補強）といった異方性に配慮した製品設計が必要です。

❸液晶ポリマーの配向

　液晶ポリマー（LCP）は、溶融時に分子の絡み合いが少なく、わずかなせん断力を受けるだけで一方向に配向します。液状でありながら結晶の性質を示すことが、液晶ポリマーと言われる所以です。

　冷却・固化すると、その状態が安定して保たれます。分子鎖は成形時に流動方向に配向し、フィブリル化による補強効果が生じてきわめて高い強度と弾性率が得られます。また、弾性率が高いにもかかわらず、非常に優れた振動吸収特性を示します。特に流動方向の線膨張率は大変小さく、金属の値に匹敵します。厚みの薄いものほど表層の配向層の占める割合が大きく、薄肉になるほど大きな強さと弾性率が得られます。

　このように配向によって流れ方向と、流れに垂直な方向とで強度に違いが出ます。特性を理解した上で材料を選択するとよいでしょう。

要点 ノート

配向に伴う異方性の大きさは強化材の形状で決まるため、目的の強度によってはガラスビーズなどでの強化グレードが異方性が少なく、使用しやすいことになります。ウェルド部には強化材の混じりがなく、強度が出なくなります。

【1 射出成形の原理

固める
固化における金型内の樹脂挙動

❶樹脂を固める原理

　金型のゲートがシール（固化）するまで数秒から数十秒間、保圧時間（ゲートシール時間）を設定し、充填されたキャビティの中心部が固化するまで冷却します（**図1-10**）。固化後に型開きし、成形品を取り出します。プラスチック材料は固化する際に収縮を伴い、その収縮量は結晶性樹脂の方が非晶性樹脂よりも大きいと言われます。したがって、製品・金型設計に対する注意点（変形・ソリなど）もおのずと多くなります。

　プラスチック材料の樹脂温度と金型温度の目安を**表1-4**に示します。このようにプラスチック材料の耐熱性が高くなるに従い、樹脂温度や金型温度も相対的に高くなります。そして、金型温度が高いほど冷却時間は長くなります。

　金型の温度は、収縮やそり、および結晶性樹脂では結晶化度に影響を与えます。結晶化度は金型温度に依存して高くなる傾向にあり、結晶化度は大きく変わります。したがって、冷却速度が違うことにより成形品の中（肉厚差）での結晶化度のバラツキは大きくなります。それにより成形品は収縮差も大きくなり、そりも大きく発生します。一方で、成形品が金型の全方向および全領域で均一に収縮すれば、そりは発生しないことになります。

❷結晶化度への影響

　上述したように、結晶化度は樹脂の冷却速度で変化するため、樹脂の固化が速いほど、かつ結晶化の速度が遅いほど結晶化度は下がります。冷却が速く、結晶化度が低い薄肉部と比較して厚肉部は冷却に時間がかかるため、結晶化度と体積収縮度が大きくなります。

　また、金型温度は成形品の外観性・寸法精度などに大きな影響を与えます。金型温度が高い方が流動性が維持されますが、保圧の設定具合により成形収縮率は大きくなります。一方、加熱収縮率（成形後の環境などによる）は小さくなるという関係があります。金型温度を低く設定し、成形した後にアニール処理によって結晶化度を高める方法もありますが、一般的には外観は改善せず悪化すると言われています。

図 1-10 | 樹脂を固める過程

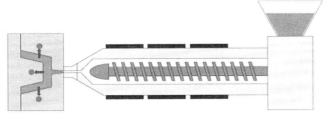

出所：日精樹脂工業
「プラスチックの話」

表 1-4 | 各種プラスチックの樹脂温度と金型温度

分類	樹脂名	樹脂温度（℃）	金型温度（℃）	収縮率
汎用プラスチック	RPVC	160〜200	20〜60	1/1,000〜5/1,000
	PS	170〜260	20〜70	4/1,000〜7/1,000
	PE	180〜260	20〜60	20/1,000〜60/1,000
	PP	180〜280	20〜60	10/1,000〜25/1,000
耐熱温度〜100℃	ABS	180〜270	40〜80	4/1,000〜9/1,000
	PMMA	170〜270	20〜90	1/1,000〜4/1,000
汎用エンプラ	POM	175〜210	60〜100	20/1,000〜25/1,000
	PA6	230〜290	60〜100	5/1,000〜15/1,000
	PA66	250〜300	60〜100	8/1,000〜15/1,000
	PBT	230〜270	70〜120	15/1,000〜20/1,000
耐熱温度〜150℃	PC	250〜320	70〜120	5/1,000〜7/1,000
	m-PPE	240〜320	70〜120	1/1,000〜5/1,000
スーパーエンプラ	PAR	250〜350	70〜140	6/1,000〜8/1,000
	PPS	310〜350	120〜150	6/1,000〜8/1,000
	PSU	340〜370	80〜150	7/1,000〜8/1,000
	PEEK	365〜420	120〜170	7/1,000〜19/1,000
耐熱温度〜200℃	LCP	285〜360	100〜280	2/1,000〜8/1,000
	PAI	340〜370	200	7/1,000〜7/1,000

要点 ノート

固めることに際しての金型温度の設定は、プラスチック材料の特性への影響に深く関わってきます。外観の光沢や寸法の経時変化、そり変形、流動性などさまざまなことを考慮した上で、狙いの品質と折り合いをつけましょう。

【2 射出成形とレオロジー

高分子融液の示す粘性と弾性

　高分子融液は、ねばっこさ（粘性）と、はずみ性（弾性）を併せ持つものです。この性質は粘弾性と呼ばれています。**図1-11**に、粘弾性の典型的な現象とされる2つの効果を示します。これらはワイゼンベルク効果とバラス効果です。

❶粘弾性の典型的な現象

　ワイゼンベルク効果とは、高分子融液に浸した棒を回転すると、回転方向に対して垂直な法線方向に高分子が締め付けられ、押し上げられる現象のことを言います。この場合、高分子融液に対して、回転方向にはせん断応力が発生しています。同時に、法線方向には締め付け力と押し上げ力が発生しています。

　水やアルコールのような純粘性物質はニュートン流体と言われるもので、弾性がないことでせん断応力のみに支配され、棒に近いほどせん断応力が大きく、軸の中心部で吸い込まれる現象が生じています。バラス効果は、細管内での高分子融液の流動は圧縮された状態にありますが、開放空間に出た途端に弾性が緩和され、膨らむ現象を指すものです。

❷プラスチックの粘弾性の特徴

　次に粘弾性の力学モデルを示します。粘性はダッシュポットで、弾性はばねで示してあります。粘弾性体に引っ張りの力を加えると、ばねは伸びてすぐに応答しますが、ダッシュポットは時間の経過とともにゆっくり上昇する状況が示されています。各種プラスチックの粘性と弾性について、動的粘弾性測定装置やキャピラリーレオメーターなどの計測器によって分離・評価できます。

　ここで、粘弾性体の特徴を別の視点から考察します。プラスチックの強度について他の材料との比較を示します。プラスチックは、**図1-12**に示す応力とひずみ曲線で囲まれる、靭性が大きいという粘弾性特有の特徴があります。加えて、軽いこと、成形加工しやすいなどの特徴を活かして、あらゆる産業で多岐にわたって利用されています。

　射出成形においては、材料としての高分子の粘弾性特性が温度や圧力によって変化するため、材料に合致した成形条件を設定し、加工プロセスを最適化することが必要です。一方、部品や製品によっては強度や耐熱性、耐久性が求め

第1章 射出成形 基本のキ！

図1-11 ワイゼンベルク効果とバラス効果

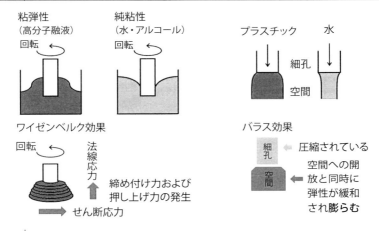

図1-12 粘弾性の力学モデルとプラスチックの強さの位置づけ

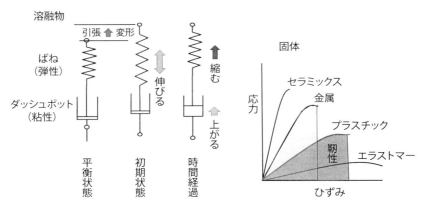

られる場合があり、プラスチックと金属とが競合する場面が見られます。このような場合には、性能のほかに生産性、重量、製造原価などから幅広く検討し、望ましいシステムをつくり上げることが肝要となります。現在、プラスチックは日用品からスポーツ、家電、自動車、航空機、医療機器などの多くの産業分野で利用されています。今後は、さらに適用が拡大するものと期待されています。

> **要点 ノート**
> プラスチックは、粘性と弾性を併せ持ち、強くてしなやかな粘弾性体です。あらゆる産業において適用可能性の大きな素材と言えます。

【2 射出成形とレオロジー

粘弾性発現のルーツと流れ性に影響する因子

❶エネルギー弾性とエントロピー弾性

　粘弾性の発現のルーツとその由来について触れます（**表1-5**）。弾性については、発現の基としてエネルギー弾性とエントロピー弾性の2つが挙げられます。高分子は、常に伸縮や回転・屈曲運動をしている状況にあります。

　エネルギー弾性は、原子の結合様式により制約を受けながら、分子運動の変位に基づくものと言われています。一方、エントロピー弾性は、ミクロブラウン運動が活発になり、高分子の動きの自由度が増す方向、つまり屈曲状態をとろうとする度合いが増大することに起因します。

　ここで別の視点から、弾性について考察します。弾性は、高分子の基となる分子1個、すなわち単量体では生まれません。単量体が数個もしくは数十個、化学的に結合した分子すなわちオリゴマーでも、弾性の発現はほとんど見られないレベルに止まっています。単量体の結合の度合い、すなわち重合度が数百ないし数千個以上の高分子では、弾性の発現が見られることになります。弾性の大きさが、プラスチック成形品の強度を増大する要因の1つとなっています。

　粘性は、変形によって生じます。外力によって高分子鎖の主鎖や側鎖の局所的変形を伴いながら、鎖の絡み合い点間の分子鎖の変形や絡み合いの解けによる変形が起源とされています。

　弾性と粘性の大きさは、高分子本来の属性と高分子鎖相互が絡み合う度合いによって変わってきます。高分子融液の粘弾性特性の計測は、一般的には円錐平板型の動的粘弾性測定装置により行われています。応力は、ある振幅で繰り返し負荷される動的振動タイプが用いられ、局所的流動の応力とひずみを計測して弾性と粘性が評価されることになります。

❷材料因子とプロセス因子

　次に、プラスチックの流れ性に影響する因子について考えます。流れ性に影響する因子として、次の2つの視点から分類できます（**図1-13**）。

①材料因子：分子の形（構造、結合様式、分岐度）、分子の大きさ（重合度、平均分子量、分子量分布）、分子鎖のたわみ性、組成

第1章 射出成形 基本のキ！

表1-5 弾性と粘性の発現の由来

粘弾性	発現のルーツ	由来
弾性	エネルギー弾性	原子の結合角、原子間隔、分子の伸縮・回転運動による変位
	エントロピー弾性	ミクロブラウン運動、屈曲状態への移行
粘性	せん断応力による変形	せん断応力による高分子主鎖・側鎖の局所的変形、絡み合いの解けによる変形

図1-13 流れ性に影響する材料因子

分子の形　　　　　　　　　　分子の大きさ
　分子構造　　　　　　　　　　重合度
　化学結合様式　　　　　　　　分子量/分子量分布
　分岐度

分子鎖のたわみ性(屈曲性/可撓性)
たわみやすい鎖：POM. PP　　　たわみにくい鎖：PPE. PC

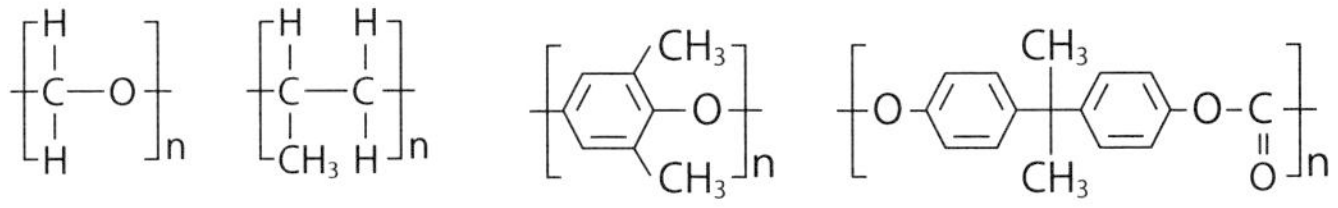

②プロセス因子：温度、圧力、それらの制御技術

　型の流路、キャビティ構造、材質、それらの設計技術

　成形に際して、材料およびプロセス因子は、成形条件の設定に大きく関わる重要な因子となります。まず、プラスチックの加工素材としての属性（分子の形、大きさ、たわみ性）をよく把握することが第1ステップとなります。

　次に、目的とするプラスチック製品または部品について、要求仕様（強度、耐熱性、耐候性、重さ、価格など）に合致するプラスチックを選定することが第2ステップとなります。そして、成形機の能力、金型の構造・冷却システム、成形品の取出・搬送システムの最適化が第3ステップに当たります。さらに、成形品の品質評価、管理システムを充実して、顧客満足度を高める施策が第4ステップとして挙げられます。

要点 ノート

高分子は、ミクロの世界では、常に動き回っている集合体と見なされます。粘性と弾性は、高分子鎖の動きの活性度に依存します。流れ性は、分子の形や大きさ、たわみ性によって変わります。成形性と品質に及ぼす要因となります。

25

【2 射出成形とレオロジー

プラスチックの擬塑性流動特性

　プラスチック融液の流動は擬塑性流動と言われるもので、非ニュートン流動の1つです。プラスチックと他の材料の粘度特性を**図1-14**に示します。

❶プラスチックの粘弾特性

　プラスチック融液に力が負荷されると、せん断速度が増加します。それに伴い、融液の粘度は次第に低下する傾向が見られます。プラスチックの流動は、高分子鎖がせん断応力を受ける流れの中で、常に動きの自由度を拡大して安定化する方向にあります。すなわち、高分子鎖が屈曲状態をとることで、つまりエントロピーを増大することによって安定化の方向に向かうのです。

　こうした要因によって、高分子融液の粘度が、せん断応力に対して非線形的に低下すると考えられています。

❷プラスチックの流動特性

　その逆の傾向が、ダイラタント流体（でんぷん水溶液）で見られます。この現象は、せん断応力によってでんぷんの凝集構造が増す方向に変わることに起因します。プラスチックの擬塑性流動における流動特性を**図1-15**に示します。

　ニュートン流体の粘度指数n＝1と比較すると、擬塑性流体のプラスチックは0＜n＜1となることが特徴的です。各種プラスチックの粘度は、せん断速度によって大きく変化します。

　粘度は、射出成形時に温度や圧力、速度などの物理的制御技術により、人為的に変えることが可能です。さらに、化学的につくられた流動性向上剤を適量添加することで、流れ性を向上させることもできます。この添加剤により、金型内でのプラスチック融液の充填性を大幅に向上させた事例が報告されています。

　プラスチックの流動特性の把握は、射出成形条件を決める際に成形温度・圧力、成形速度の設定の基礎的知見として、考慮すべき大きな要件となってきます。

図 1-14 プラスチックおよび他の材料の粘度特性

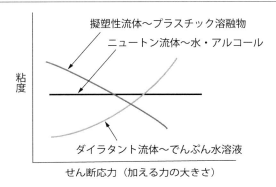

図 1-15 スチックの擬塑性流動特性

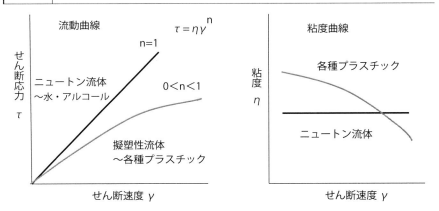

要点 ノート

プラスチック融液の流れは、非ニュートン流体であり、擬塑性流体と言われるものです。成形条件を設定する際に、各種プラスチックの流動特性を考慮した最適化が望まれます。

【2 射出成形とレオロジー

各種プラスチックの流動特性

❶プラスチックの粘度のせん断速度依存性

　プラスチックを溶融状態にして力を加えると、流動が開始されます。管内を流れるプラスチック融液の粘度は、せん断速度の影響を受けて変化します。各種プラスチックの粘度のせん断速度依存性を**図1-16**に示します。

　粘度は、一般的には汎用プラスチック（PS、POM、PA）に比べて、汎用エンプラ（PC、PET、PPE）、スーパーエンプラ（PSU、PEEK）が大きな値となっています。ここで、各種プラスチックの粘度の値が種類により異なることが、どんな要因によって生じているかを考察します。流れに影響する要因について前述しましたが、分子の形（構造、結合様式、分岐の有無）、分子の大きさ（重合度、分子量および分子量分布）、分子鎖のたわみ性（剛直かどうか、屈曲のしやすさ）が粘度を支配する要因となっていることが明らかとなります。

　特に、たわみ性の度合いは、温度によって大きく影響されることを考慮しなければなりません。一般的には、分子鎖の中にベンゼン環を含む結合様式を持つスーパーエンプラおよび汎用エンプラでは、汎用プラスチックに比べて屈曲性が小さいことが、粘度を高くしている要因と見ることができます。

❷プラスチックの粘度の温度依存性

　同様に、各種プラスチックの粘度が温度によってどう変化するかという流動特性について、**図1-17**に示します。汎用プラスチック（PS、POM、PA）、汎用エンプラ（PC、PET、PPE）、スーパーエンプラ（PAR、PPS、PSU、PEEK）について流動特性の違いが見て取れます。

　実加工において射出成形の適正温度は、プラスチックの種類によって異なることを考慮することが必要です。また、金型の冷却温度については、図1-17中に終期流動最適粘度の領域を示しています。

　金型内へのプラスチック融液の射出初期は高温状態にありますが、金型内で急激に冷やして固化する過程で、結晶化や収縮現象を考慮した冷却温度プロファイルを適正化することが求められます。各種プラスチックの流動特性に合致した材料設計・加工技術が不可欠です。

第1章 射出成形 基本のキ！

図 1-16 | 各種プラスチックの粘度のせん断速度依存性

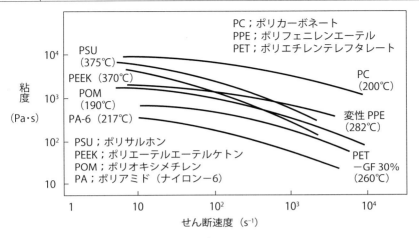

出所：安田武夫、プラスチックス、52 (9)、p.99、(2000)

図 1-17 | 各種プラスチックの粘度の温度依存性

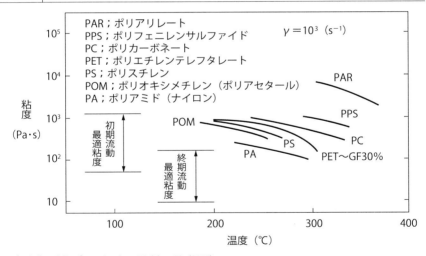

出所：安田武夫、プラスチックス、52 (9)、p.99、(2000)

要点 ノート

プラスチックは、用途によって汎用プラスチック、汎用エンプラ、スーパーエンプラに区分されています。種類によって成形に適正な溶融の温度があります。実加工においては、粘度が温度によって著しく変わることを考慮しましょう。

29

【2 射出成形とレオロジー

プラスチックの粘度に影響を
及ぼす分子量と分子量分布

　粘度に及ぼす分子量、および分子量分布の影響を、ポリエチレンを例に**図1-18**に示します。分子量の平均値の異なる3種類について、多い、中間、少ない場合の粘度に及ぼす影響を表しました。平均分子量について、少ない場合は数万以下、中間は10〜20万、多い場合は30万程度以上を目安として見てください。

❶ポリエチレンでは分子量が大きく、分布が狭いと粘度は大きくなる

　分子量が大きいほど粘度の値を大きくする傾向があります。また、粘度のせん断速度依存性は分子量が大きいほど急峻に変化しています。

　平均分量が大きいことは、高分子鎖が長いことを示しており、大きな高分子鎖の形状が、流れの場では糸まり状となって回転・屈曲運動をしながら、流動している現象と言われています。大きな高分子鎖の流れの場における流体抵抗は、小さな高分子鎖に比べて大きくなり、粘度も大きくなるものと理解されます。

　次に分子量分布の影響を見ると、分布が狭いほど粘度が増加する傾向がわかります。せん断速度依存性は、広いほど急峻に変化しています。分子量分布が広いことは、高分子鎖の長い分子と短い分子が混在していることに相当し、短い分子の回転・屈曲運動の自由度の大きさが増大して、全体として運動の拘束状態が緩和されるため、粘度の低下につながると考えられます。

❷ポリプロピレンでは分子量分布が狭いと粘度が高い

　ポリプロピレン（PP）の貯蔵弾性率、および粘度に及ぼす分子量分布の影響を**図1-19**に例示します。PPの分子量分布が狭い場合と広い場合について示します。貯蔵弾性率は、分子量分布が広いほど高いレベルにあります。

　貯蔵弾性率は、高分子鎖が変形を受けて貯えられるエネルギーと言われています。分子量分布が広いことは、分子量の多いものから少ない高分子鎖までが混在していることを意味し、変形を受ける度合いが相対的に大きくなり、貯えられるエネルギーの増大につながるものと理解されます。

　一方、粘度は分子量分布が狭いほど高いレベルに位置しています。これらの現象は、高分子鎖が溶融状態で、負荷応力に対して屈曲状態を採ろうとする自

図 1-18 | 粘度に及ぼす分子量および分子量分布の影響

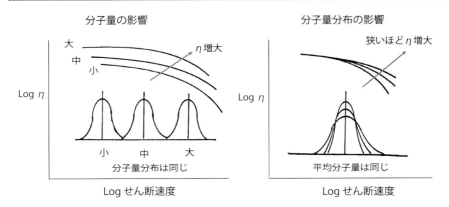

図 1-19 | 弾性率および粘度に及ぼす分子量分布の影響

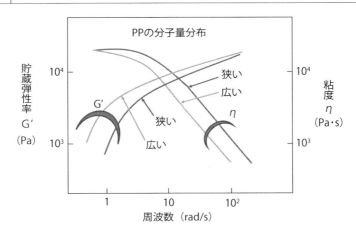

由度が小さくなること、つまり分子運動の活性が抑制されている状況で生じるものと推測されます。

また、高分子鎖相互の絡み合いの初期状態と、粘弾性計測時の動的振動負荷速度に依存する、絡み合いの解け具合の影響も加わると考えられます。

> **要点ノート**
> 粘弾性特性は、同一プラスチックにおいて分子量および分子量分布によって大きな影響を受けます。実際の加工に際して、材料を選択する際の有力な指針の1つとなります。

❝2 射出成形とレオロジー

貯蔵弾性率と粘度に及ぼす
分岐度の影響

　図1-20は粘弾性特性について、ポリエチレンの190℃における融液についての計測例を示しています。高分子鎖の中に含まれる分岐の存在量について、多め、少なめ、なし（直鎖分子）の3種類のポリエチレンについて、粘弾性特性に及ぼす影響を検討したものです。

　貯蔵弾性率および粘度は、分岐度が多めの場合に高い値となり、周波数の影響も受けています。これらの実験的知見から、長鎖分岐と直鎖分子の貯蔵弾性率ならびに粘度に及ぼす影響を、図1-20の右側に概念図として示しました。

❶ポリエチレン高分子鎖の挙動

　ポリエチレンの高分子鎖は、せん断応力が負荷される場において、安定状態の維持に向かって分子運動の自由度の拡大方向、すなわち屈曲しようとする挙動が発生します。この場合、直鎖分子は屈曲性の自由度が大きく、多めの長鎖分子では分子運動の活性が制限される度合いが高くなるため、屈曲性の自由度は小さくなります。

　このことから、せん断応力の負荷に対し、変形によるエネルギーが高分子鎖の中に貯えられるとともに、せん断応力に対する抵抗力が増大すること、すなわち貯蔵弾性率と粘度が多めの長鎖分岐構造体では高い値になることが理解できます。図1-20には、貯蔵弾性率および粘度と周波数との関係を示しました。いずれも周波数によって変化する様子が見られ、それについて考察を加えます。

　通常の計測は、円錐平板型の動的粘弾性計測装置によって行われます。プラスチックの融液、数ミリリットルの試料に振動の負荷を与えます。単位時間、すなわち1秒間に繰り返し負荷を何回与えるかが、周波数として表示されるのです。

❷計測結果からわかること

　貯蔵弾性率は、高分子鎖の融液が繰り返し負荷による変形を受けて、貯えられるエネルギーと考えられており、多めの分岐構造体では高い値となります。周波数が高くなると、非線形的に増加傾向が表れます。特に、長鎖分子では周波数によって変動する様子が見て取れます。粘度に関しては、多めの長鎖分岐

図 1-20 貯蔵弾性率および粘度に及ぼす分岐度の影響

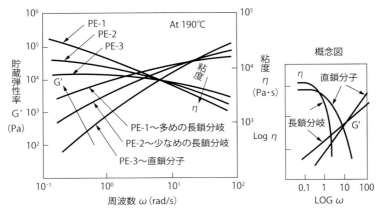

出所：ティーエイ・インスツルメント・ジャパン、技術資料、2013 年 5 月

構造体では周波数依存性が大きい傾向が見られます。

この特性に関しては、多めの長鎖分岐構造体では分子鎖相互の絡み合いの解け度合いが促進されること、ならびにそれによって運動の自由度が大きくなることに関係すると考えられます。

多めの分岐構造体では、粘度が変形速度によって急激に変化する性質があり、射出成形時の射出速度の制御幅が狭くなることを考慮して、成形条件の設定を厳密かつ的確に行うことが必要です。

❸成形の最適化

実加工に際しては、プラスチックの粘弾性体としてのレオロジー特性を把握した上で、射出成形における適正材料の選定を進めます。成形機を含めた設備システムの適正化を図り、加工のための成形条件を正しく設定して、望ましい成形品をつくることが肝要です。そして、成形品については機能・性能、品質、価格などについて、顧客満足度を高めるために一連の生産システムの構築を図り、持続・継承することが望まれます。

将来に向けては成形技術の高度化を図り、プラスチックの粘弾性体としての特徴を活かした製品開発と市場への展開が期待されています。

> **要点 ノート**
> プラスチックの粘性や弾性は、分子の大きさ、分布の広がり、枝分かれ構造の有無により大きく変動します。実際の加工に際しては、プラスチックが本来持っている属性と流動における粘弾性特性を把握した上で、取り組むことが肝要です。

コラム

● 黒点・異物不良の原因について ●

　射出成形で発生する不良に「黒点・異物」があります。この原因追究の方法に赤外分光分析があり、これによって異物は比較的容易に判明できます。異物を突き止めれば、その混入原因についても、成形工程や原料、環境などを調査することで把握しやすくなります。

　ただ黒点については、それが樹脂の炭化したものであることは容易にわかるものの、それがどこから混入したかは意外と究明しにくいものです。炭化した樹脂の混入経路として考えられる工程は以下の通りです。

　①樹脂メーカーの製造工程
　②着色メーカーの着色工程
　③射出成形メーカーの成形品製造工程

　樹脂メーカーでは原料の樹脂の製造工程は長く、装置も大きく複雑です。デッドスペースが多いこと、最終工程である押出機の吐出口のまわりに付着する樹脂とその分解物（通称目やに）が、時間とともに炭化し、押し出されるポリマーの表面に付着することがあります。着色メーカーでも、押出機は小さくても目やにの発生があり、同様にペレット表面に付着することがあります。射出成形メーカーでは、射出成形機や金型などのデッドスペースに付着した樹脂が、炭化した後に剥離して混錬中や成形中に混入するのです。

　どこが原因であるかは、詳細なテスト成形での確認しかないと考えられます。実際に筆者らの経験でも、ペレットを1粒ずつ目視で確認し、原因が自社ではないことを突き止めたことがありました。

【 第**2**章 】

成形準備と段取りの要点

【1 射出成形を実現する3つの要素

材料①
プラスチックとは

❶プラスチックの基本

　プラスチックとは熱や圧力などの作用で流れ、自由に成形でき、得られる成形品が室温で固体として使用できる有機物質です。

　分子は純物質の最小の単位ですが、その大きさを表す尺度が分子量です。分子からできている物質は、分子量が小さい（低分子と呼ばれます）と一般に常温で気体であり、その増加とともに液体、そして固体となります。つまり、プラスチックをつくっている有機物質は、分子量の大きな分子からできています。分子量が10,000以上の分子を高分子と呼んでいます。したがって、プラスチックは高分子からできています。プラスチックには、ほかに各種添加剤やフィラー、繊維強化材などが配合されています。

　プラスチックに用いられる高分子は、ほとんどが人工的に合成された有機高分子です。その中でもポリマーと言われるものが主体です。ポリマーは、モノマーと呼ばれる低分子を化学反応により、化学結合で連結させたものです。**図2-1**にポリマーのイメージを示します。なお、2種類以上のモノマーを使用して得られるポリマーを共重合体と言います。

　ポリマーには大きく分けて2つのタイプがあります。1つは熱可塑性ポリマーと呼ばれるもので、加熱すると軟化して液体となります。逆にこれを冷却すれば、再び固体に戻ります。もう1つは、ポリマーよりも分子量の小さい分子（プレポリマー）を加熱すると、化学反応により固体状ポリマーになる（硬化する）もので、熱硬化性ポリマーと呼ばれます。

❷ポリマーの構造

　熱可塑性ポリマーは、モノマーが鎖状につながった形をしたものです。一方、熱硬化性ポリマーは3次元的な網目構造をしています。**図2-2**に、これらの分子構造の模式図を示します。

　低分子では分子量は1つの値ですが、ポリマーはさまざまな分子量を持つ分子から成っています。つまり、分子量には分布があります。第1章でも出てきましたが、これを分子量分布と呼んでいます。したがって、分子量は平均値で表し、これを平均分子量と呼びます。

| 第2章 | 成形準備と段取りの要点 |

| 図 2-1 | ポリマーのイメージ（○はモノマーを表します） |

| 図 2-2 | 熱可塑性ポリマーと熱硬化性ポリマーの分子構造 |

  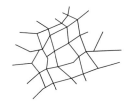

　　　非晶性ポリマー　　　結晶性ポリマー
　　　　　　　熱可塑性ポリマー　　　　　　　　　熱硬化性ポリマー

出所：桑嶋ら、「プラスチックの仕組みとはたらき」、秀和システム、2005 年

　平均分子量として、数平均分子量Mnと重量平均分子量Mwが多用されます。Mnは分子1個当たりの平均値、Mwは重量に重みをつけて求めた平均値です。一般にMw≧Mnであり、Mw／Mnの値で分布の広さを表します。

　熱可塑性ポリマーでは多数本の鎖状の分子が集合しています。分子と分子との間には力が働いていますが、この力は分子の鎖の方向に働く化学結合の強さに比べて、はるかに弱いものです。したがって、多数本の分子の鎖が特定の方向に配列すると（配向）、その方向に対して非常に強いポリマーとなります。

　上述したように、長い鎖状をした分子が多数本集合するとき、その構造が結晶をつくる場合とつくらない場合とがあります。結晶をつくらないポリマーを非晶性ポリマー、結晶をつくるポリマーを結晶性ポリマーと言います。ただし、結晶性ポリマーと言っても100％結晶ではなく、非晶部分が混在しているのです。

要点 ノート

プラスチックはポリマーからできています。ポリマーには、**熱可塑性と熱硬化性の2種類があります**。そして、**分子量には分布があります**。分子が集合すると、**結晶を生成する場合としない場合とがあります**。

【1 射出成形を実現する3つの要素

材料②
プラスチックの種類と性質

❶プラスチックの種類

　熱可塑性プラスチックでは、しばしば耐熱性の低い方から汎用プラスチック、汎用エンジニアリングプラスチック（汎用エンプラ）、スーパーエンジニアリングプラスチック（スーパーエンプラ）に分類されます。代表的なプラスチックを**表2-1**にまとめて示します。

　実際には、多成分を混合した複合プラスチックが広く使用されています。その1つは、2種以上のポリマーを混合して得られるポリマーアロイです。もう1つは、ポリマーにフィラーや繊維を配合したもので、ポリマーコンポジットと呼ばれます。**表2-2**に熱可塑性複合プラスチックの代表例を示します。このほか、ゴムの性質を持つ熱可塑性エラストマーがあります。

❷プラスチックの性質

①結晶性プラスチックと非晶性プラスチックの性質の違い

　室温から加熱すると、非晶性プラスチックでは、ガラス転移温度（Tg）と呼ばれる温度でガラス状からゴム状へと変化し、やがて流れます。結晶性プラスチックでは、融点（Tm）で結晶部が溶け、流動性が現れます。逆に非晶性プラスチックでは、液状から冷却するとTgで固化します。一方、結晶性プラスチックでは溶融状態からゆっくり冷却すると、結晶化温度と呼ばれる温度（TgとTmの間にある）で結晶化が起こります。

　結晶ができると、密度や弾性率は上昇して線膨張率は低下しますが、一般的には不透明になります。そして、結晶性プラスチックでは冷却に伴う溶融物の体積収縮が大きくなり、成形収縮やひけが著しくなる傾向があります。さらには、体積収縮の不均一によってそりが発生しやすくなります。

②化学構造とプラスチックの性質との関係

　ポリマーの化学構造とプラスチックの性質は、たとえば以下のように密接に関係しています。

　　○PC、PBT、PETは耐熱性に優れるが、加水分解が起きる

　　○PAは吸湿性が高い

　　○ABSは耐候性が良くない

第2章 成形準備と段取りの要点

表 2-1 | 代表的なプラスチック

分類			代表例
熱硬化性			フェノール樹脂、不飽和ポリエステル樹脂、エポキシ樹脂、ポリウレタン、メラミン樹脂、ユリア樹脂
熱可塑性	汎用	非晶性	ポリスチレン（PS）、AS樹脂、ABS樹脂、塩化ビニル樹脂（PVC）、メタクリル樹脂（PMMA）、非晶性ポリエチレンテレフタレート（非晶性PET）
		結晶性	ポリエチレン（PE）、ポリプロピレン（PP）
	汎用エンプラ	非晶性	ポリカーボネート（PC）、ポリフェニレンエーテル（PPE）
		結晶性	ポリアミド（PA）、ポリアセタール（POM）、ポリブチレンテレフタレート（PBT）、ポリエチレンテレフタレート（PET）
	スーパーエンプラ	非晶性	ポリスルホン、ポリエーテルスルホン、ポリアリレート、ポリエーテルイミド
		結晶性	ポリフェニレンスルフィド、ポリエーテルエーテルケトン、液晶ポリエステル

表 2-2 | 熱可塑性複合プラスチックの例

		主成分	副成分	改良物性
ポリマーアロイ		ABS	PVC	難燃性
		PPE	PS	成形性、物性バランス
		PA6	ABS	耐衝撃性、吸水性
		PA66	PPE	高温剛性、吸水性、寸法安定性
		PC	ABS	成形性、耐溶剤性
		PBT	PC	そり、耐衝撃性
ポリマーコンポジット	フィラー充填系	PP	合成炭酸カルシウム	耐衝撃性
		PP	タルク	剛性、寸法安定性
		PBT	マイカ	成形収縮率、そり
		HDPE	カーボンブラック	導電性
	繊維強化系	PP	GF	剛性、強度、耐熱性、寸法安定性
		汎用エンプラ	GF、CF	剛性、強度、耐熱性、寸法安定性

PPE/PS：変性 PPE、GF：ガラス繊維、CF：炭素繊維と呼ばれる

○POMは燃焼しやすい

③分子量、分子量分布とプラスチックの性質との関係

　ポリマーの分子量や分子量分布は、溶融物の性質に影響します。溶融粘度は、分子量が大きくなれば高くなり、分子量分布が広くなれば低下します。

要点｜ノート

結晶性プラスチックと非晶性プラスチックでは性質が大きく異なります。また、化学構造や分子量およびその分布はプラスチックの性質に大きな影響を与えます。

39

〈1〉射出成形を実現する3つの要素

材料③
配合剤の添加目的とコンパウンディング

　配合剤はプラスチックの性質を改良する、または不足な性質を補完するために添加する添加剤・充填材・強化材などの総称です。

❶配合剤を添加する目的

　配合剤を添加する目的は成形加工性、性能、機能、デザイン性などの改良、または向上です。プラスチックのベース材料となるポリマーの基本的性質を十分把握し、長所と短所を認識した上で改質を行うことが重要です。

　配合剤による改質の要求はますます大きくなってきています。最近のプラスチック材料の開発では、ポリマーと配合剤の組合せで用途の適合性を図ることにより、差別化した材料の開発に大きく貢献しています。

❷配合剤とコンパウンディング

　素材をそのまま成形材料として使用することは少なく、通常は成形加工性、製品の要求性能などに対応し、ポリマーにいろいろな配合剤を混合して成形材料をつくります。ポリマーと配合剤を混合する工程をコンパウンディングと言います。品質の安定した成形材料をつくる上では、コンパウンディングは重要な工程です。

　コンパウンディング方法には、主に2つの方法があります。1つは、ポリマーと配合剤をブレンドし、シート、フィルム、パイプ、異形品などの最終製品をつくる場合に押出成形が利用されます。もう1つは、ポリマーと配合剤を混合し、押出機でペレットの形にする方法があります。

　ペレットをつくるコンパウンディング工程およびタンブラー混合の例を図2-3に示します。これは溶融材料をひも状にして押し出します。このひも状をストランドと言います。ストランドを冷却固化させた後、ペレタイザーでペレット形状にカッティングします。

　また、着色ペレットをつくる場合はあらかじめ試作用の押出機を用いて、色見本に合わせて着色剤の配合を決めます。この配合処方をもとに、図2-3の工程で着色剤をポリマー、添加剤とともに混合してコンパウンディングします。これが着色ペレットとなります。ペレットの検査は、最終工程のペレットを抜き取り、外観、異物などの検査や試験片を射出成形して必要な性能を測定、検

図 2-3 成形材料のコンパウンディング工程

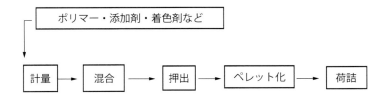

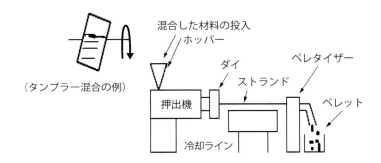

査します。

　着色とは、染料および顔料をプラスチックの中に溶解、もしくは分散させた状態を言います。着色に際し、粉末顔料は再凝集しやすいためビヒクル(展色剤)や分散剤などで加工して分散を容易にします。これが着色剤です。一方、染料はそのほとんどがプラスチックに溶解するので、特別な処理は不要の場合もあります。ただ安定した着色を行う目的で、顔料と同様な加工処理を施すのが一般的な方法です。

　着色するプラスチック原料の形態、着色工程に適合するよう各種形態の着色剤が設計されます。

要点 ノート

差別化した材料を開発するには、どんな改質を目指すのかを明確にし、ポリマーと配合剤との適正な組合せをすることが重要なポイントとなります。

【1】射出成形を実現する3つの要素

材料④
配合剤(添加剤・充填材・強化材)の種類と機能

❶添加剤

　要求項目と配合剤の種類について**表2-3**に示します。多様化する要求性能、たとえば成形加工性、物性、耐久性、機能性、デザイン性などの機能を満足させるために、ポリマーと各種の配合剤の中から最適な選定が必要となります。

　射出成形での加工性を例にとると、特に最近携帯型情報機器などの部品では製品形状が複雑になり、かつ小型・軽量化のため薄肉化の要求が高まっています。また、成形コスト低減のためハイサイクル化などが求められています。そのため、酸化防止剤や熱安定剤、滑剤、結晶造核剤などによる成形加工性の向上が重視されています。

①酸化防止剤・滑剤

　成形および使用時の熱安定性や流動性、あるいは離型性向上に必要です。

②紫外線吸収剤・光安定剤

　紫外線劣化を防止するため、耐久性向上に必要となります。

③帯電防止剤

　プラスチックは電気絶縁性に優れていますが、静電気を発生しやすい性質があります。静電防止として帯電防止剤の添加が必須です。

④難燃剤

　電気・電子部品では高い難燃性が要求され、ハロゲン、りん、窒素に代表される難燃剤の付与が欠かせません。

⑤着色剤

　デザイン性向上のため、着色剤として染料や無機顔料、有機顔料などが使用されています。

❷充填材・強化材

　充填剤を添加する目的としては、増量、補強、機能付与などがあります。

①充填材

　低収縮性や硬度などの改良を目的に、炭酸カルシウムやタルクなどが増量用として使用されています。

②強化材

第2章 成形準備と段取りの要点

表2-3 | 要求項目と配合剤

分類	要求項目	配合剤
成形加工性	熱分解性	酸化防止剤、熱安定剤
	流動性	可塑剤、滑剤、流動性向上剤
	離型性	滑剤
	結晶性	造核剤
物性	強度・剛性	繊維強化剤
	耐衝撃性	エストラマー
	寸法安定性	充填剤、強化剤

分類	要求項目	配合剤
耐久性	熱エージング劣化	酸化防止剤
	紫外線劣化	紫外線吸収剤、光安定剤
機能性	難燃性	難燃剤、難燃助剤
	帯電性	帯電防止剤
	導電性	導電材、カーボン繊維、金属繊維
デザイン性	着色性	着色剤

表2-4 | グリーン調達のリストA（15物質）

○カドミウムおよびその化合物　○六価クロム化合物　○鉛およびその化合物　○水銀およびその化合物　○ビス（トリブチルスズ）＝オキシド　○トリブチルスズ類、トリフェニルスズ類　○ポリ臭化ビフェニル類　○ポリ臭化ジフェニルエーテル類　○ポリ塩化ビフェニル類　○ポリ塩化ナフタレン　○短鎖型塩化パラフィン　○アスベスト類　○アゾ染料・顔料　○オゾン層破壊物質　○放射性物質

　アスペクト比（繊維の長さと直径の比）の大きいガラス繊維やカーボン繊維などにより、充填強化されています。

③導電材

　半導体部品における高度な帯電防止が必要とされる用途などでは、導電性カーボンブラックやカーボン繊維、金属繊維などが使用されています。

　プラスチックはあらゆる分野で使われていますが、特に電気・電子機器業界や自動車業界を中心に調達品の「製品含有化学物質」の調査を強化する動きが加速されています。**表2-4**は、グリーン調達調査共有化協議会（JPPSSI）がまとめた調査対象物質（リストA）の15物質です。

要点 ノート

添加剤・充填材・強化材の添加により、ポリマーの改質がなされます。ただし反面、使用時の注意点として、その性質を阻害する負的効果にもチェックが必要です。

【1 射出成形を実現する3つの要素

射出成形機①
射出成形機の概要

　射出成形機とは、金型を取り付ける型締め装置と、成形する原料（樹脂）の温度に溶融して供給する射出装置、条件設定を入力する制御装置で構成されています。適正な成形条件を入力することで良質な成形品が得られます。

　射出成形機の大きさは型締め力（Ton数）で表示されます。射出ユニットの呼び名は、スクリュー径（射出容量）の大きさにより変わります。射出装置には、樹脂を溶融するための加熱筒、射出・計量をするための駆動源として、ACサーボモーターとボールねじに取り付けのプーリーをタイミングベルトで連結させて駆動しています。

　型締め装置には、金型を取り付けるための固定盤・可動盤と成形品を突き出すためのエジェクト装置と型開閉をするためのトグルアームが組み込まれ、射出装置と同じ動力源を利用して駆動しています。金型の厚さを調整する型厚調整装置も含みます。制御装置には、成形品を生産するための条件設定（型開閉・EJ・射出・計量・温度など）を制御パネルに入力し、成形機がスムーズに動作して成形品を生産できるようにします。

❶射出成形機の種類

　射出成形機は型締め装置・射出装置の組付方法により、**図2-4**に示す横型射出成形機と、**図2-5**に示す縦型射出成形機に分類されます。

　横型射出成形機の動作は、フレームに対して型締め装置・射出装置が平行移動の動作をします。金型の取付は、上部からクレーンなどで吊り下げて取付作業を行います。成形品の取り出しは、自動落下か取出機を使用して上部より取り出します。一方、縦型射出成形機の動作は、フレームに対して型締め装置・射出装置が垂直（直角）方向に動作をします。縦型成形機は、型開閉が縦方向に動作をするため、金型にインサートを装着してもズレの発生が少なく、主にインサート成形などに使用されています。金型は、台車などで横方向からテーブルに挿入しての取付作業になります。

　横型成形機はほとんどの金型で全自動成形が可能ですが、縦型成形機の場合は半自動運転で人が成形品を取り出すことが主です。現在は全電動サーボ機が主流ですが、ハイブリッド成形機や油圧成形機などもあります。横型・縦型成

第2章 成形準備と段取りの要点

図 2-4 横型射出成形機

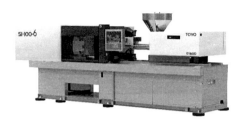

出所：東洋機械金属

図 2-5 縦型射出成形機

形機ともに、金型が2面・射出装置が2つの2色成形機が用意されています。縦型成形機では、型締め装置が縦型締め・射出装置が横射出の縦横射出成形機と、金型が多面のロータリー成形機があります。

❷射出成形機の工程

基本的に、①型締め→②ノズルタッチ→③射出→④冷却（計量）→⑤型開き→⑥エジェクト（突き出し）→⑦中間タイマー（成形品の取り出し）→①型締め…の順で1サイクルの工程を繰り返します。①～⑦は標準動作の工程です。

注意すべき点は、型締めでは低圧型締め（金型保護）装置を設定することです。これにより金型に異物をはさんだ場合に、金型の損傷を最小限に防止できます。また、射出工程の成形開始時には、オーバーパックしないように速度・圧力の条件を入力し、ショートショットから成形を開始することです。

冷却では、冷却時間内に計量動作を完了させることが重要です。計量動作が時間内に完了していないときは、サイクルタイマーのバラツキの原因になります。そして、計量に時間がかかる際は、冷却時間やスクリュー回転数・背圧設定などで調整しましょう。

中間タイマーの設定は、半自動では人が成形品を取り出す平均時間を設定し、全自動の場合は取出機が成形品を安全な位置まで取り出した時間に設定をします。中間タイマーの設定が短く、インターロックに不具合が発生すると、型が閉まって成形品および取出機をはさむ危険性があります。

> **要点 ノート**
>
> 射出成形機の種類は、横型射出成形機と縦型射出成形機に分類されます。現在はサーボ機が主流ですが、油圧機やハイブリッド機なども見られます。使用用途によって使い分けがなされています。

【1】 射出成形を実現する3つの要素

射出成形機②
射出成形機の構造

❶射出側の構造

　射出装置には、加熱筒（スクリュー・スクリューチェック3点）と、樹脂を計量するためのスクリュー駆動部、射出のためのボールねじが組み込まれています（図2-6）。

　加熱筒では、樹脂を溶融するためのバンドヒーターとセンサーにより温度コントロールをしています。またスクリューの駆動部では、スクリューと駆動軸が連結されており、サーボモーターで駆動軸を回転させることでスクリューが回転し、原料（樹脂）が供給されるとスクリューが後退します。

　一方、射出では、サーボモーターでボールねじを回転させるとスクリューが前進し、溶融した樹脂を金型に充填します。射出装置の前後進は、ギヤードモーターをボールねじと連動させて動作させています。射出装置の各要素は、制御パネルに入力した条件設定の速度・圧力で動作します。

❷型締め側の構造

　型締め装置には、金型を取り付けるための固定盤・可動盤とテールストック、可動盤を開閉するためのトグルアーム部と駆動装置、成形品を取り出すためのエジェクト装置、金型の厚さ調整用の装置が組み込まれています（図2-7）。金型を取り付けて可動盤を稼働させるトグルアームは、可動盤とテールストックの間に組み込まれ、サーボモーターとボールねじの組合せで開閉動作をします。また、エジェクト装置も同様の動力源で、エジェクト棒を前後進させることにより成形品を突き出します。

❸射出成形で使用される用語

　型締め力とは、溶融樹脂を金型に充填した圧力に対して、金型を保持するために加える圧力のことで、単位はTonまたはkNで表示されます。1 kN = 0.102 tonfで、1 tonf = 9.80 kNです。

　タイバーとは、成形機のダイプレート型開閉を案内し、型締め中は型締め力を保持するための複数の支柱を言います。また自動増し締め装置とは、金型の大きさに合わせた型締めトン数を入力し、入力されたトン数の型締め力に自動設定してくれる装置のことです。

46

第 2 章 成形準備と段取りの要点

図 2-6 射出装置

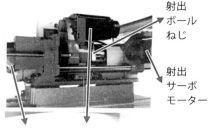

加熱筒　計量サーボモーター

図 2-7 型締め装置

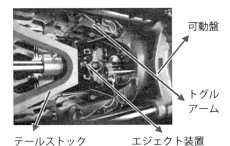

テールストック　エジェクト装置

　可塑化とは、加熱筒をヒーターで加熱し、樹脂をスクリュー回転で練りを加えて適度な柔らかさに溶融することを言います。計量とは、可塑化した樹脂をスクリュー回転により、先端部へ成形に必要な樹脂量を供給することです。また背圧とは、計量時に樹脂がスクリュー先端部に供給され、スクリューが後退するときに加圧する圧力のことを言います。スクリュー回転数や背圧設定が不十分だと、可塑化不良や計量密度のバラツキが発生することがあります。

　サックバックとは、計量完了後にスクリューが回転しない状態で後退し、計量時に加圧した背圧を抜く動作のことです。サックバックの速度が速いと、計量した樹脂にエアーを巻き込むことがあります。サックバックの量は、圧力では 0 MPa、もしくはノズルからハナタレが止まる程度に調整します。

　射出圧力とは、樹脂を金型に射出充填する際のスクリュー先端部の圧力で、単位は kgf/cm^2 または MPa で表示されます。1 MPa = 10.2 kgf/cm^2 で、1 kgf/cm^2 = 0.098 MPa となります。

　保圧とは、金型に溶融樹脂を充填した後、ゲート部分が固化するまで保持しておく圧力のことです。この圧力で成形品の冷却収縮を補うことができます。また、射出充填したときにスクリュー先端部に残る樹脂量をクッション量と呼び、先端の位置をクッション位置と言います。冷却とは、金型内に射出充填された樹脂は、金型に熱を伝えて冷却されて固化します。成形品の内部温度が樹脂の熱変形温度以下になると、冷却が終了したと見なします。その所要時間を冷却時間と呼んでいます。

要点 ノート

射出成形機の射出装置・型締め装置の動きを理解しましょう。装置に使用されている用語の内容を理解することにより、成形機を安全かつ正確に操作できるようになります。

【1 射出成形を実現する3つの要素

射出成形機③
射出成形機の保守管理

❶機械据え付けレベルの確認・調整（0.5 mm/m以内）

　フレームのレベル座に水準器を置き、目盛りを確認しながら防振ゴムの調整ボルトを調整します（図2-8）。防振ゴムを使用しないときは、成形機に取り付けのアジャストボルトで調整します。フレームのレベルが正常でない場合に、ダイプレートの平行度や型開閉の動作（ギクシャクした動き）、トグルアームのブッシュの局部摩耗など不具合が発生することがあります。

❷ベルトテンションの確認

　タイミングベルトは定期的に確認し、事前にベルトの不具合箇所などの状況を把握して交換時期を決めておくことで、生産計画が遵守できます。確認箇所としては、①射出・計量・型開閉・エジェクトの駆動のためにACサーボモーターとプーリーを連結するベルト歯の摩耗と歯元のクラック、②油付着などによるベルトの膨らみ、③プーリー歯部の摩耗、④ベルトテンションの張り具合などです。タイミングベルトに不具合があるとトルクの伝達がスムーズにできず、速度や圧力がばらつく要因となることがあります。また、ベルトが破断すると成形機の動作が制御できず、暴走することがあります。

❸潤滑グリスの給脂について

　グリスの給脂を怠り、グリス切れを起こすと、各部の部品摩耗や焼き付きなど不具合が発生します。射出・型開閉・エジェクトのボールねじへのグリス給脂は、各メーカー指定のグリスを使用してください。指定外のグリスを使用した場合に、ボールねじの局部摩耗や焼き付きなどが起きることがあります。トグルピン・ブッシュ部などへのグリス給脂は、古いグリスがはみ出し新しいグリスが出るまで給脂することです。同様に、各メーカー指定のグリスを確認しましょう。グリス潤滑は、各メーカーとも自動対応になっていますが、回転するベアリング部分などに手動での給脂箇所があり、事前に説明書で確認しておくとよいでしょう。

❹金型に合った適正な型締め力の設定

　金型の大きさに合わせた、型締め力を設定することが大事です（図2-9）。小さい金型を取り付けて型締め力を高く設定し、自動増し締めを行って型を締

第2章 成形準備と段取りの要点

図 2-8 | フレームのレベル座

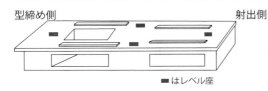

注：レベル座の位置は各メーカーの説明書を参照。水準器（レベル計）は、0.1 mm/mを使用するとよい

■はレベル座

図 2-9 | 良い例

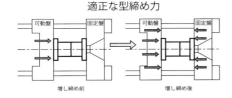

適正な型締め力

図 2-10 | 良くない例

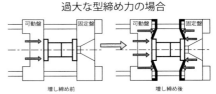

過大な型締め力の場合

めた場合、金型の取付盤（固定・可動）および金型に、図2-10中の太枠のような型締め力がかかるため、金型や取付盤にひずみが生じ、損傷を与えることがあります。

❺測定値に誤差がないことの確認と調整

　誤差が発生している状態で自動増し締めを行うと、設定した型締め力よりも強くなったり弱くなったりします。たとえば、金型の厚さの実測が300 mmで、成形機側の測定値が250 mmと誤差が発生している状態で自動増し締めを行うと、型締め力は設定トン数よりも大きくなります。図2-10で示したように、型締め力が大きくなると不具合が発生するのです。

　モーターが無負荷の状態で、射出圧力の表示が0 MPaであることを確認し、樹脂圧が±1 MPa（10 kgf/cm^3）以上の誤差があるときは、0点を調整します。樹脂圧の誤差は、ロードセルの劣化により発生します。

　また、冷却水の配管にはスクリーンかフィルターを設置して、泥やゴミなど異物の混入を防ぎ、クーリングタワーなどの水を循環水として使用される場合は、水温・水質（カルキなど）に十分注意することが肝要です。

> **要点／ノート**
> 保守管理では、基本となる箇所の点検確認が第一です。グリス潤滑の重要性も然りです。成形機が測定している金型の厚さや樹脂圧などの測定値と、実測値に誤差が発生している場合は必ず修正しましょう。

【1 射出成形を実現する3つの要素

射出成形機④
付帯設備の構成

❶金型温調器

　温調器は、媒体（水・油など）を加熱して設定温度まで上昇させ、金型にポンプで循環させて金型の温度を一定に保ちます。媒体に水を使用する場合、通常の温度設定は100℃以下ですが、100℃以上に設定できる温調器もあります。金型温度を200℃以上の高温で使用する際は、媒体が油の温調器を使用します。なお、媒体はメーカー指定の油を使用します。

　金型温度をより高温で使用する場合は、金型にヒーターや熱電対などを組み込んで温度調節し、温度管理を実施します。金型にヒーターを使用する場合は、温度調節用の制御装置が必要です。またこれと関連して、チラーは金型を低温に冷却するときの温度管理に使用されます。成形品が厚肉・ハイサイクル仕様で、急冷が必要な場合に使われます（図2-11）。

❷取出機

　取出機には、首振り式・トラバース（横走行）式があります。成形品やスプールランナーを取り出し、設定された位置まで搬出し、コンベア上かパレットなどに整列させます。一般的な取出機は金型上部から成形品を取り出しますが、横から挿入して成形品を取り出すタイプもあります。

❸乾燥機（ホッパードライヤー）

　乾燥機はヒーターで温度を上昇させ、ブロワーで熱風を循環させることにより、ホッパー（室内）内の樹脂を設定された温度に乾燥させます。

①ホッパードライヤー

　ホッパードライヤーには、成形機のホッパー口に直接取り付けるタイプと、床置きにして移送装置で成形機のホッパーに供給するタイプがあります。成形機に直接取り付ける場合はホッパードライヤー本体へ、床置き式の場合は成形機に取り付けたミニホッパーへ、樹脂を供給するための移送装置（ホッパローダー）が必要です。

②除湿乾燥機

　原料が水分を吸収しやすい樹脂の場合、袋から取り出したときに空気中の水分を吸収するため、水分率が高くなることがあります。水分を吸収しやすい樹

50

| 第2章 | 成形準備と段取りの要点 |

図 2-11 付帯設備の構成

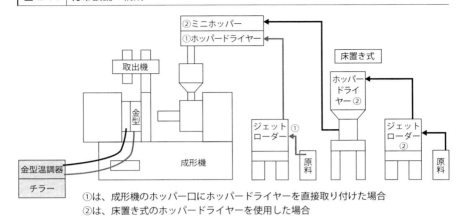

①は、成形機のホッパー口にホッパードライヤーを直接取り付けた場合
②は、床置き式のホッパードライヤーを使用した場合

脂の場合は、通常の乾燥機ではより良い乾燥ができないため、除湿乾燥機を使用します。水分を吸収した樹脂で成形すると、成形品にシルバー・フラッシュなどが発生する率が高くなります。

❹ホッパーローダー

原料袋から乾燥機のホッパーへの移送、床置き式の場合は、乾燥機から成形機のホッパーへの移送に使用されます。ローダーの機種によっては、2種類（バージン材と粉砕材など）の樹脂をホッパーへ交互移送できます。

❺粉砕機

成形不良品・スプルー・ランナーなどを刃の回転で粉砕し、取付の網の目サイズになるまで細かくし、粉砕材として再利用する場合があります。網の目のサイズは、樹脂の種類や使用用途により粉砕材の大きさが異なるため、網のサイズを用途ごとに使い分けます。樹脂の種類により通常の粉砕機の回転で粉砕できないときは、低速回転の粉砕機を使用することがあります。

> 要点 ノート
> 周辺機器は、仕様内容を十分に把握して、用途に合わせた型式の機器を選択しましょう。こうして有効活用することにより、生産性や生産効率を高めることが可能になります。

【1】 射出成形を実現する3つの要素

金型①
射出成形用金型の基礎

❶金型構造と部品名

　射出成形用金型で一般的に多くつくられている金型は、モールドベースの主要型板構造が2プレート構造・3プレート構造に大別されます。モールドベースとは、金型を成形機に取り付けて射出成形できるようにする役割を担っています。このモールドベースと製品部分を合わせたものを射出成形用金型と言います。

　主要型板とは製品部入れ子が入るプレートで、固定側と可動側とがあります。この固定側・可動側とは成形機の構造によるもので、射出装置と突き出し装置のある側の違いです。固定側とは、動かず固定された状態で、成形される射出側になります。一方、可動側はその逆で、連続して動く側を可動側と呼んでいます。射出成形用金型は固定側から溶融したプラスチックを注入し、可動側で成形品を突き出すので固定側にはスプルー（溶融樹脂の注入口）、可動側にはエジェクタピンを設置します。ちなみに、縦型の機械では固定側・可動側のことを上型・下型と呼ぶ場合もあります。

　図2-12は2プレート構造の図です。通常、固定側型板および可動側型板に製品部の入れ子を配置しますが、この図では固定側・可動側ともに、製品部入れ子の設定はしていません。これをモールド無垢堀りと言います。図2-13は3プレート構造です。2プレート構造と違い、固定側にプレートが1枚多いです。後述しますが、ピンポイントゲート方式にはこの3プレート構造を使用します。

❷パーティング

　パーティングとは、製品を金型から取り出すために金型の入れ子を上下左方向へ分割する部分のことです。金型では、パーティングになる面（合せ面）のことをパーティング面と言います。したがって、製品のパーティング部分には必ずパーティングライン（金型分割ライン）が存在します。製品のどの箇所で分割するかは、入念な打合せや考慮が必要です。

　特に注意すべき点は、製品が金型から押し出される側につくように、製品機能上邪魔にならないように、そしてアンダーカットのないようになどを考慮す

第 2 章　成形準備と段取りの要点

| 図 2-12 | 2 プレート構造　各部名称 |

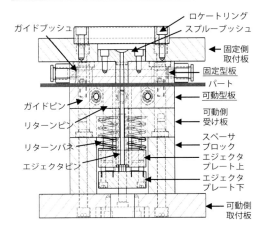

| 図 2-13 | 3 プレート構造 |

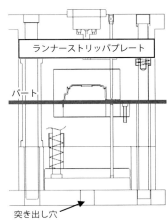

べきです。外観製品であれば、あまり目立たないような場所にパーティングラインを決めることが大切です。

　金型は、樹脂の種類や金型の材質によりますが、成形を進めていく上で徐々に摩耗します。それに伴い、パーティングラインも同様に摩耗していきます。すると、当初はあまり目立たなかったパーティングラインが徐々に目立ち始め、成形品の不良につながります。また、金型修理をせずそのまま成形を進めてしまった結果、バリ仕上げ（製品後加工）など不要な作業を増やす事態を招いてしまいます。

　金型の摩耗についてですが、前述したようにプラスチック成形品の数量や材質により、金型入れ子の材質を選定しなければなりません。たとえ数量が少なくても、ガラス繊維や鉄粉などを多く含んだ樹脂や、溶融時におけるガスの量によって摩耗が激しくなります。その場合は金型入れ子に焼き入れやコーティング、ガスベントを施すことをお勧めします。

> **要点 ノート**
>
> 射出成形はインジェクション成形とも呼ばれます。そして、成形品の突き出しのことを押し出す、エジェクトする、もしくはノックアウトするとも言います。エジェクタプレートには製品を突き出すピンなどが設置されます。

> **1** 射出成形を実現する3つの要素

金型②
スプルー・ランナー・ゲートシステム

❶品質やコストにも関わる大事な流路

　スプルー、ランナー、ゲートとは製品部に樹脂を流し込むのに必要な流路のことです。成形機から溶融した樹脂は、固定側にあるスプルーを通過してランナーに流れ込みます。そしてランナーからゲートを通過し、製品部へ注入されます。金型製作ではこのランナーおよびゲート部の形状により、工数や加工難易度が変化します。当然、複雑かつ高難易度の場合は金型にかかるコストに影響します（ホットランナーシステムなど）。

　設計上の注意点は、単に樹脂が流れるだけの流路と考えてはいけないことです。スプルーやランナーにキズや凹凸があった場合、離形や流速流量の支障になり、ゲート部に至っては直接製品に影響するため疎かにはできません。特に多数個取りのときは、明らかに違う品質になる場合があり、注意が必要です。したがってスプルー、ランナー、ゲートも製品部と同じ扱いをしなければ、高品質な製品を得る金型に仕上がらないことになります。

❷仕様を決める

　スプルー、ランナー、ゲートの大きさについて述べます。スプルー角度は、樹脂の種類によって角度を変えます。樹脂入口部分のスプルー径は、成形機のノズル径より大きくしなければならず（成形機のノズル先端SR+1.0～2.0 mm目安）、ノズル径の大きさによって太くなる傾向があります。重量が多くなれば、その分樹脂の材料ロスが増えます。

　ちなみに、すべて太くすれば樹脂の流れが良くなり、良品が得られると考えてはいけません。流動解析（CAE）などを活用して、さらに細くできないかを検討すべきです。また、スプルー部分はスプルーブッシュを作製し、摩耗や破損時に早急に対応できるようにします。スプルーブッシュは樹脂の種類により材質を変え、摩耗に対処します。

　一方、ロケートリングにおいて、成形機の固定側にはあらかじめ成形機と金型との位置決め用の穴が中心にあいています。成形機の能力やメーカー間によって穴の大きさは異なります。仕様を確認することが肝要です。

第2章 成形準備と段取りの要点

図 2-14 | 標準的なランナーの形状

丸ランナー　　　台形ランナー　　　丸底台形ランナー

| 図 2-15 | 等長ランナー（トーナメント型） |

| 図 2-16 | 不等長ランナー |

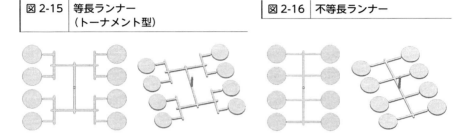

❸ランナー形状の選択

　流路であるランナーは、流れがスムーズな形状が望ましいです。図2-14に示したランナー形状は標準的な形状です。断面積の大きさとスムーズな形状が必要なことから、丸ランナー（円形断面）が最も理想的とされています。ただし断面積が大きいからといって、台形ランナーで幅が広く深さが浅い形状は好ましくありません。形状の考え方としては、まず丸ランナーで計算し、円直径が台形形状内にすべて収まる形にすれば、必然的にバランスは良くなります。

　形状的には丸ランナーが理想ですが、ランナー流路切り替えや3プレート構造の問題などから、実際は台形ランナーが多用されています。台形ランナーは底面にＲを付け、角度は片角10°を目安にします。

　多数個取りする金型の理想のランナー流路は、図2-15に示す等長ランナーです。これはセンターのスプルー部から丸い製品までの距離がすべて等しく、比較的バランスの良い流路設定になっています。一方、図2-16はその逆で、バランスの悪い流路設定になっています。この不等長ランナーは横方向のランナー・ゲートの幅や深さを変化させなければ、バランス良く流すことができず、製品にバラツキが出るため注意が必要です。

> **要点 ノート**
> 厳密には、等長ランナーでも流れに若干のバラツキは出ます。スムーズなのは渦巻形状です。したがって、右回り左回りが多く混在すると、若干の遅れが生じます。誤差が小さい場合は、分岐部分のＲを変化させるなどで対応は可能です。

【1 射出成形を実現する3つの要素

金型③
ゲートの種類

　ゲートとは、製品に直接接する部分で製品部への入口の流路のことです。ゲートはさまざまな種類がありますが、よく使用されているゲートを以下に紹介します。そのほかにも、ファンゲートやフィルムゲート（通称：フラッシュゲート）、円弧状サブマリンゲート（通称：バナナゲート・カールゲート・ホーンゲート）、ディスクゲート、リングゲートなどがあります。

❶スプルーダイレクトゲート

　図2-17に示すように、その名の通りスプルーからダイレクトに製品部に注入されるゲートです（モールド2プレートタイプ）。金型のメリットとしては加工しやすく、少スペースで済むことです。また、成形条件幅が取りやすい長所がある一方で、成形条件によっては割れ・変形が起きやすい、あるいは後加工にゲートカットが残るという短所があります。そうしたこともあり、製品にゲートカットキズが大きく目立ちます。

❷サイドゲート

　図2-18に示すように、製品側面から注入されるゲートです（モールド2プレートタイプ）。金型加工がしやすく、寸法調整も容易な特徴がありますが、ゲート位置によっては製品部をモールドベースの中心からずらす必要があり、金型バランスが悪くなることがあります（取り数が1個の場合）。成形条件幅が取りやすい反面、後加工にゲートカットが残り、製品のゲートカットキズが若干目立ちます。

❸サブマリンゲート（トンネルゲート）

　図2-19に示すように、製品手前から型内部を通って直線的に製品へ注入されます。製品離形時に製品とスプルーランナーゲートが自動で切り離されます（モールド2プレートタイプ）。サイドゲートと同様に金型加工がしやすく、寸法調整も容易ですが、加工時に制限事項（角度など）が多いことに特徴があります。ランナーをしならせて無理抜きをするため、スプルーからゲートまでの距離を若干長くしなければなりません。

　成形上のメリットとしてはゲートカットが自動で、面仕上げが不要な点が挙げられます。しかし、成形条件幅はサイドゲートに比べて狭く、樹脂硬度など

図 2-17　スプルーダイレクトゲートの構造	図 2-18　サイドゲートの構造
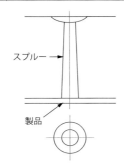	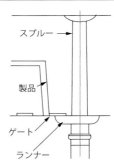

図 2-19　サブマリンゲートの構造	図 2-20　ピンポイントゲートの構造
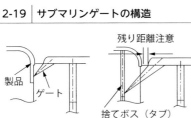	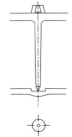

の問題からサブマリンゲートを避けたい樹脂があります。また、離形時にコールドチップが出やすいです。

❹ピンポイントゲート（ピンゲート）

　図2-20に示すように、製品部上面や製品部外のあらゆる場所へ垂直方向に注入できます（モールド3プレートタイプ）。ランナーやゲート設計の自由度が高く、製品配置をバランス良くできる特徴があります。その反面、ゲート加工時に制限事項が多く、モールドベースなど加工工数が増える点が短所です。

　成形時はゲートカットが自動で、仕上げも不要です。また、樹脂の流れによってゲートを追加したり、廃止したりすることができます（多点ゲート）。一方、成形条件幅がサイドゲートに比べて狭く、樹脂の流動性や硬度などの問題から、ピンポイントゲート方式を避けたい樹脂があります。

> **要点 ノート**
> 金型を製作する前段階は非常に大切です。樹脂の種類や成形機の仕様、ゲート位置など綿密に打合せをして金型設計に移行します。前段階で金型や成形の不良になると判断した場合は、形状変更などの対策を実施してください。

【 **1** 射出成形を実現する3つの要素

金型④
アンダーカットへの対応

❶通常のアンダーカット解除方法

アンダーカットとは離形方向に引っかかりがあり、離型を阻害することです。構成要素としては大きく以下の3つがあります（**図2-21**）。

①サイドコア（スライド）

アンダーカットなどを処理するため、横方向に摺動するブロックです。入れ子より外側に動かしたり、ときには内側に動かしたりします（内スライド）。固定側、可動側ともに設定できます。

②アンギュラピン

サイドコア（スライド）を、金型開閉を利用して必要方向に動かす役割があります。角度はどの程度サイドコアを動かすかによって決定しますが、あまり角度を大きくすると折れやすくなり、逆に角度を小さくすると長さが必要になります。角度は20°以下が理想ですが、それより大きくなる場合もあります（使用最大角度30°以内）。

③ロッキングブロック

スライドを後方より押さえて、それ以上動かないようにロックするブロックのことです（樹脂圧でもスライドが動きす）。ちなみに、ロッキングの角度はアンギュラピンの角度より2〜3°大きくとる必要があります（例：アンギュラピン角度18°、ロッキング角度20°）。

スライドは、開き量やスライドの重量などによって、エアーシリンダーや油圧シリンダーを使用する場合があります。シリンダーを使用すると、サイドコアの開くタイミングを調整する際にも非常に便利です。

❷傾斜ピンでの解除

図2-22に示すアンダー抜きは傾斜ピンを利用します。傾斜ピンは、角度をつけた状態で金型入れ子からエジェクタプレートに設置し、金型入れ子内でアンダーカットを処理する方式です。成形品突き出し動作で、設定した角度に沿って摺動し、アンダーカットを解除します。

設定に関しては、傾斜ピンの角度はあまり大きくとらず、中間位置には傾斜ガイドブロックを必ず設置します。傾斜角度は大きさや形状、長さにもよりま

第2章 成形準備と段取りの要点

図 2-21 アンダーカットの構造

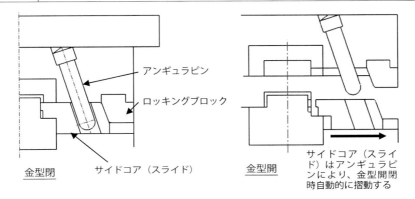

図 2-22 傾斜ピンによるアンダー抜き

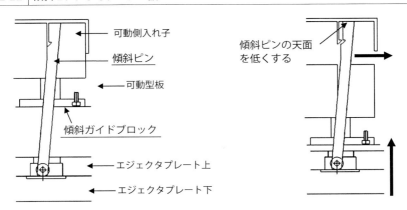

すが、おおよそ15°以下とします。傾斜ガイドブロックは、傾斜部分で片側0.02〜0.05 mmほど隙間を設け、傾斜ピンの天面は入れ子天面よりも必ず0.01〜0.03 mm程度低く設定します。離形時に成形品を傷つけないようにするのが目的です。傾斜ピンと成形品の離形抵抗が大きいと、傾斜ピンに成形品が持っていかれるため、寄り止めの設定も欠かせません。

> **要点 ノート**
> 傾斜ピンを設定する際は、その他のエジェクタピンとの干渉に注意が必要です。また、製品で傾斜ピンの近くにあるリブやボスなどにも干渉しないか、設計時には動作確認を必ず行うようにしましょう。

〔1 射出成形を実現する3つの要素

金型⑤
温調システム

❶温度管理のポイント

　金型の温度管理は大変重要なことです。単に冷やせばよいわけではなく、樹脂の種類に応じてそれぞれ温度調節をしなければなりません。それも、バランス良く安定した回路でなければ意味がないのです。製品部だけでなく、あらゆる箇所（ガイドピンやガイドブッシュ、スライド）の温度に違いがあると、金型自体の破損にもつながるため注意したいところです。

　冷却媒体の多くは水を使用しますが、昇温する際には油やカートリッジヒーターを使用します。ただし、カートリッジヒーターを使用する際でも、カートリッジヒーターだけを使用するのではなく、水や油と併用する方が温度調整はしやすく、安定します。

❷冷却システムの場合

　図2-23に示す冷却回路は一般によく見かけるものです。回路自体に問題はありません。しかし、ともに一筆書きの回路であるためベストとは言えません。なぜなら、流れに伴い冷却媒体が熱を吸収するため、次第に暖かくなります。そうすると温度差が出て、成形品や金型自体の温度バランスが崩れる恐れがあります。一回路（2本）を単独で使用することが最良です。

　一回路を単独で使用すると言っても、それだけの回路に対応していない場合があります。その場合は、回路の本数にもよりますが、コストをかけてでも配管用マニホールドなどを取り付けて対処することが望ましいです（図2-24）。その際、水穴の大きさは流速・流量に関係するため、大径過ぎたり小径過ぎたりしてもいけません。その点には細心の注意が必要です。

❸昇温システムの場合

　カートリッジヒーターには、単位表面当たりの電力ワット密度（W/cm²）という指標があります。ワット密度が低いと寿命は長くなり、制御が安定します。熱量は、目標の昇温時間や必要温度などから計算して選定します。金型のヒーター穴は、ヒーターの外径より0.2 mm大きく加工します（図2-25）。重要確認事項として、ヒーター総ワット数を忘れず算出してください。そして、ブレーカーの容量は必ず確認しなければいけません。

図 2-23　一般的な冷却回路

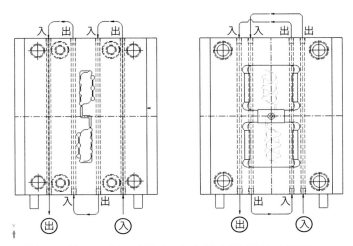

※機械からの冷却の入口と出口は同じ方向で、安全な方向を考えることが重要

図 2-24　配管用マニホールドの例　　図 2-25　カートリッジヒーターの取付例

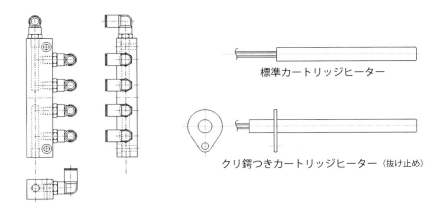

標準カートリッジヒーター

クリ鍔つきカートリッジヒーター（抜け止め）

> **要点　ノート**
>
> モールドベースの固定側と可動側で極端な温度差が生じると、金型の開閉に支障が出ます。また製品部では、入れ子とスライドなどで温度差が生じると、かじりの原因にもなります。金型全体の温度バランスを考慮してください。

【1 射出成形を実現する3つの要素

金型⑥
成形品突き出し方式

　成形品突き出しは、金型から製品を突き出す（押し出す）ことです。この動作がなければ、当然ながら成形品が金型から出てきません。突き出し方式にはさまざまな種類がありますが、代表的な2つを紹介します。

❶エジェクタピン突き出し方式の特徴

　突き出し動作としては非常に単純で、成形機の可動側にある突き出し装置が稼動し、成形機の突き出しピン（ノックアウトピン）によってモールドベースのエジェクタプレートが押され、プレート内部に設置されている各種エジェクタピンがともに動きます。その動作で成形品が突き出され、その後リターンばねによってエジェクタプレートが元の位置に戻ります。

　エジェクタピンには丸ピンや角ピン、スリーブピンなど、さまざまな種類があります（図2-26）。ときには、ブロックによる突き出しをすることもあります。成形品の離形を考えると、エジェクタピンを多く設置する方が安定しますが、入れ子の締め付けや水穴と接触する可能性が高くなります。特に水穴との干渉は大事になるため、注意が必要です。

　これとは逆に、ピンの本数が少な過ぎると成形品の離形抵抗が大きくて突き出せない場合や、エジェクタピンが曲がる破損などがあり、エジェクタピンの位置バランスが悪ければ成形品の不良につながります。したがって、エジェクタピンはピン径や位置バランス、本数を考慮して設定します。成形品の材質や深いリブ、ボスが多い製品には注意が必要です。

❷プレート突き出し方式の特徴

　動作はエジェクタピン突き出しと同じ原理で、成形機の可動側にある突き出し装置が稼動し、成形機突き出しピン（ノックアウトピン）によってストリッパプレートを丸ごと動かします（図2-27）。リターンピンとストリッパプレートはボルトなどで接続します。この方式はエジェクタピンが設置できない場合や、エジェクタピン跡をつけてはいけない製品などに使用する方式です。裏表すべてが外観製品である場合や透明製品などに多用されます。

　突き出し後はエジェクタピン突き出しと同じで、リターンばねによりエジェクタプレート上下・ストリッパプレートが自動で元の位置に戻ります。プレー

| 第2章 | 成形準備と段取りの要点 |

図 2-26 | エジェクタピン突き出しの例

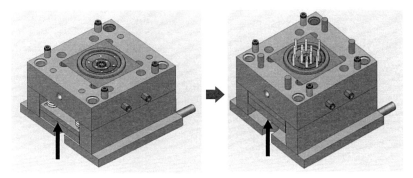

上記のエジェクタピンはすべて丸形エジェクタピン

図 2-27 | ストリッパプレート突き出しの例

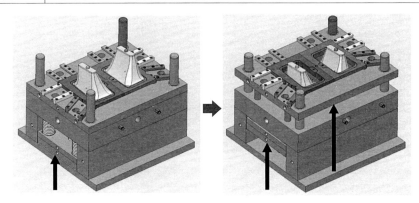

トが増える分、工数は増えますが、エジェクタピン突き出しより離形バランスの安定度はあります。突き出しの種類に関係なくエジェクタガイドは必ず設置し、安定した突き出し動作を確保します。

> **要点 ノート**
> 成形機では押し出しロッドのピッチが決まっています。このバランスが大切ですので、多点を利用してバランス良く押し出します。金型本体の可動側取付板に、エジェクタプレート戻り確認スイッチを必ず設置します。

63

［1 射出成形を実現する3つの要素

金型⑦
金型設計におけるレオロジーへの配慮

❶スプルーとランナーでの対策

金型設計時に溶融樹脂挙動（レオロジー）を考えて対処しないと、成形不良を招く要因となります。まずは、スプルーとランナーでの対策を考えます。

樹脂が金型内部に射出される際は、空気と溶融ガスを押しながら流れていきます。その空気とガスを抜かないと逃げ道がなくなり、ショートショットや気化爆発による焼けが発生します。それを解消するため各末端にガスベントを設け、空気や溶融ガスを逃します。その結果、樹脂の流れはよりスムーズになり、細部まで樹脂が流れるようになるのです。また、ランナー部分の屈折している各コーナーにRをつけることで、同様の効果は生まれます。

金型では、**図2-28**に示したようにスプルー、ランナーの段階からガスベントを設け、製品部に入る前にできるだけ多く空気や溶融ガスを抜く設定をします。**図2-29**はピンゲートの形状を示しています。ピンゲートの入口部分にRをつけることはもとより、屈折のない円錐形が理想の形状です。しかし、図2-29の加工は比較的難しく、加工性を考慮して**図2-30**のような緩やかな屈折形状とすることで、圧力損失はさほど変化なく対処できます。

製品形状で、肉厚の変化が大きいものは注意が必要です。ゲートは肉厚の厚い箇所に設置し、薄い方へ樹脂を流す方が安定します。それが逆になると、肉厚の厚い部分にたどり着くまでに樹脂が冷めてしまい、圧力がかけられないためショートになったり、ひけや変形の原因になったりします。金型設計では、流動抵抗やヘジテーションなどを起こさないように留意します。

❷ひけへの対策

さまざまな成形不良のうち、ひけに対して金型でどのような対策ができるか考えてみます。**図2-31**は、ひけが発生する可能性があることが予測できます。これはボスに限らずリブ形状、特にリブの交差している箇所にも言えることです。

肉厚以上に厚みがあるボスやリブなどは、ひけが起きやすくなります。リブ形状の場合、肉厚tのときのリブの厚みを0.6〜0.7tにすることで、ひけを軽減することができます。ただ交差している箇所は、前述したようにコーナー部にRをつけて流れや離形に対処するため、どうしても厚くなりがちです。図2-31

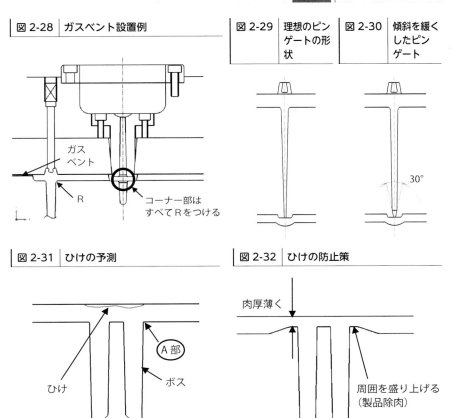

にあるA部も同じで、流れや離形の問題でRをつけると、ひけをさらに大きくしてしまいます。

　この問題を解消する対策として、**図2-32**のようにボスやリブの周囲を滑らかに盛り上げるようにします（目安は肉厚の1/3程度）。これにより、肉厚の薄くなった部分の収縮や冷却時間が変化し、ひけを軽減することができます。このように金型の設計段階でさまざまな対策を行い、溶融樹脂挙動への配慮を行うのです。

> **要点 ノート**
> 肉厚の差や温度の違い、配向性などを考慮して設計を進めます。ガラス繊維やカーボン、顔料、染料入りの樹脂などもムラや偏りが出ないよう、ゲートの位置や形状も含めて設計を行うと、良い品質を得ることにつながります。

【2 射出成形品を設計する勘どころ

基本的な3つの考え方

　商品企画から製品までの流れを**図2-33**に示します。ここでは、図中の点線で囲んだ材料選定、成形品設計、製品設計の3点について、基本的な考え方を説明します。

❶材料選定

　成形品設計に先立ち、目的とする製品に適した成形材料（以下、材料と呼びます）を選ぶことが大切です。しかし、すべての性能が優れた万能な材料はありません。

　たとえば、ポリアセタールは疲労強度が強い、給油しないでも潤滑性がある（自己潤滑性）、薬品に侵されにくいなどの長所があり、歯車やカムなどの用途に使用されています。しかし、燃えやすい、寸法精度を出しにくいなどの短所もあります。一方、ポリカーボネートは透明である、衝撃強度が強い、燃えにくい、寸法精度を出しやすいなどの長所を持ち、携帯端末ハウジングや自動車ヘッドランプのレンズなどに使用されています。しかし、疲労強度が弱い、薬品に侵されやすいなどの短所もあります。

❷成形品設計

　ここでは、製品を成形する金型部をキャビティ、型内で樹脂の入口（スプルー）からキャビティまでを樹脂流路と称して説明します。成形品の設計には、次のような点に留意して進める必要があります。

　　○キャビティの末端まで流れるように樹脂流路や製品肉厚を考慮する

　　○キャビティが多数個の場合は、各キャビティに同時に充填する

　　○キャビティに射出圧や保圧がよく伝わるように樹脂流路を設ける

　　○鋭角のコーナーでは不安定な流れ方（不安定流動）になるためRをつける

　　○肉厚の薄いところと、厚いところがあると収縮差が生じるので、均一な肉
　　　厚にする

　　○スムーズに離型するように抜き方向に勾配をつける

　また流動性や熱安定性、成形収縮、離型性などの成形性は、材料によって異なります。使用する材料の成形性をよく理解した上で、成形品を設計することが大切です。

| 図 2-33 | 製品化までの流れ |

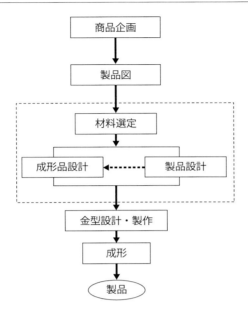

❸製品設計

製品の性能は主に選定した材料の特性で決まりますが、強度や変形、寸法精度などは製品設計の善し悪しに左右されます。製品設計を進める上での留意点は次の通りです。

○強度や弾性率が低いことを考慮する
○使用温度の影響を考慮する
○樹脂の合流点（ウェルドライン）の強度は低いため、ウェルドラインの発生を想定する
○残留ひずみが発生しくにい形状にする
○1カ所に応力が集中しないようにする
○成形収縮率は肉厚や流れ方向によって変化する
○金型を高精度で加工しても、高寸法精度で成形できない寸法がある

> **要点 ノート**
> 高品質の製品をつくるには、最適な材料を選定した上で、材料特性を考慮した成形品設計や製品設計を進めることが大切です。

【2 射出成形品を設計する勘どころ

成形材料の選定①
材料選定の手順

　材料の一般的な選定手順を**図2-34**に示します。

❶製品要求事項の調査

　まず、プラスチック化する対象製品の要求事項を調べることが第一歩です。たとえば強度や使用温度、機能（表面硬さ、摩擦摩耗、燃焼性、電気特性）、環境劣化（熱、温湿度、紫外線、薬品）、および寿命などがあります。

❷候補材料の選定

①市場の使用実績からの選定

　まったく新しい材料を採用する場合は別ですが、一般的には市販材料の中から選定します。市販材料では、すでに市場で製品として使用された実績があります。対象製品と類似用途で使用された実績があれば、過去における使用条件や製品寿命、実用上の不具合など可能な限り情報収集すると、材料選定の決め手になります。これらの情報は樹脂メーカーで収集されていることが多いです。

②材料物性からの選定

　材料の物理的性質や機械的性質、熱的性質、化学的性質、電気的性質などのデータを一覧表にまとめたものが物性表です。各樹脂メーカーが公表している物性表をもとに、要求事項を満足しそうな材料を何種類か選定します。環境劣化、成形性、環境安全などは物性表には記載されていないため、関連技術資料を樹脂メーカーから入手するか、直接問い合わせる必要があります。要求事項をすべて満足する材料があれば決定できますが、ない場合は満足しそうな候補材料をいくつか選定します。

③成形性からの選定

　次の留意点を考慮する必要があります。

　　○流動性：流れやすいか
　　○分解性：成形時に分解しやすいか
　　○寸法：寸法公差内で成形できるか
　　○残留ひずみ：残留ひずみが残りやすいか
　　○離型性：型離れは良いか

68

図 2-34 　材料選定の手順

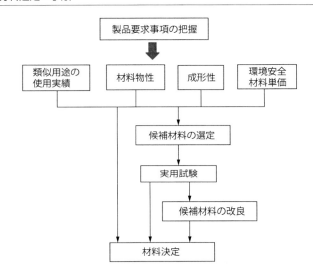

④環境安全からの選定

　一般的にベース樹脂（ポリマー）には毒性はありませんが、材料にはいろいろな添加物が含まれているため、事前に調査しておくと無難です。また、成形作業や材料の取り扱いに関しては、各材料の安全性データシート（MSDS）の内容を調べることも必要です。

❸実用試験

　材料選定の段階を経て1つの材料に絞り込むことができれば、成形品・製品設計に移ります。絞り込むことができない場合は、いくつかの候補材料について次の方法で実用試験を行い、最適材料を絞り込みます。

　　○試験片を用い、使用条件に即した試験を行って実用化の可否を検討
　　○試作品（切削加工品、簡易型成形品、３Ｄプリンティング品など）を用いて実装試験を行い、実用化の可否を検討
　　○上記2つを併用して実用化の可否を検討

　もし、これらの実用試験で要求事項を満足できない課題が見つかった際は、材料の改良を樹脂メーカーに依頼した方がよいでしょう。

要点 ノート

材料を選定するには、製品の要求事項を正確に把握することが第一です。過去の使用実績や材料物性、成形性、環境安全性など、または実用試験から最も適した材料を選定しましょう。

【2 射出成形品を設計する勘どころ

成形材料の選定②
非晶性プラスチックと結晶性プラスチック

　材料選定する上で、非晶性プラスチックと結晶性プラスチックの基本的性質の違いを理解することは大切です。

❶分子配列状態

　図2-35に、両プラスチックの分子配列状態の概念図を示します。非晶性プラスチックの分子（ポリマー）はバラバラな配列状態になっています。成形温度まで加熱すると、溶融して流動性を示します。逆に、冷却すると固化します。

　結晶性プラスチックは、固化状態では分子が規則的に配列した結晶相と、バラバラな状態の非晶相から成っています。成形温度まで加熱すると結晶が融解し、流動性を示します。逆に冷却すると、結晶が生成して固化します。

❷転移温度

　プラスチックの性質が変化する温度を転移温度と言います。転移温度には、ガラス転移温度（ガラス転移点）と結晶融点があります。温度を上げるときを前提とすると、ガラス転移温度は分子運動を開始する温度です。結晶融点は結晶性プラスチックの結晶が融解する温度です。

　非晶性プラスチックは、ガラス転移温度を超えると強度が急激に低下します。したがって、非晶性プラスチックの耐熱性の目安はガラス転移温度になります。

　結晶性プラスチックは、結晶融点よりかなり低いところにガラス転移温度がありますが、結晶融点を超えると強度が急激に低下します。したがって、結晶性プラスチックの耐熱性の目安は結晶融点になります。

❸非晶性プラスチックと結晶性プラスチックの特徴と注意点

　表2-5は、結晶性プラスチックと非晶性プラスチックの種類をまとめたものです。同表では、結晶性プラスチックと非晶性プラスチックの分類と耐熱性の分類を示してあります。非晶性プラスチックの一般的な特徴は次の通りです。

　　○自然色品は透明
　　○成形収縮率が小さいため寸法精度が優れる
　　○寸法安定性が優れる

図 2-35 | 非晶性プラスチックと結晶性プラスチックの分子配列概念図

非晶性プラスチック

結晶性プラスチック

表 2-5 | 非晶性プラスチックと結晶性プラスチックの種類

耐熱分類	非晶、結晶による分類	
	非晶性プラスチック	結晶性プラスチック
汎用プラスチック (～100℃)	ポリ塩化ビニル(PVC) ポリスチレン(PS) AS樹脂(SAN) ABS樹脂(ABS) メタクリル樹脂(PMMA)	ポリエチレン(PE) ポリプロピレン(PP)
汎用エンプラ (100～150℃)	ポリカーボネート(PC) 変性ポリフェニレンエーテル (mPPE)	ポリアミド6(PA6) ポリアミド66(PA66) ポリアセタール(POM) ポリブチレンテレフタレート(PBT) ポリエチレンテレフタレート(PET)
スーパーエンプラ (150～350℃)	ポリアリレート(PAR) ポリスルホン(PSU) ポリエーテルスルホン(PES) ポリアミドイミド(PAI) ポリエーテルイミド(PEI)	ポリフェニレンスルフィド(PPS) ポリエーテルエーテルケトン(PEEK) 液晶ポリマー(LCP) ポリイミド(PI)* ふっ素樹脂(PFA)

＊結晶性プラスチックではあるが、結晶化速度が遅いため非晶性プラスチックに分類することもある

○薬品に侵されやすい
○疲労強度が低い

一方で、結晶性プラスチックの一般的な特徴は次の通りです。

○疲労強度が高い
○薬品に侵されにくい
○ストレスクラックが発生しにくい
○寸法精度や寸法安定性は良くない

> **要点 ノート**
>
> 非晶性プラスックと結晶性プラスチックの基本特性の違いを理解する必要があります。両プラスチックのどちらを選ぶかを決めた上で、各材料の物性値から最適な材料を選定することを推奨します。

【2 射出成形品を設計する勘どころ

成形材料の選定③
実用上の選定ポイント

材料物性をもとに選定するときの注意点は次の通りです。

❶材料物性は1次選定の目安

材料物性は、図2-36に示す単純形状の試験片を用い、ISOまたはJISに規定された条件で測定された値です。実際の成形品では使用条件や製品形状、成形条件などの影響があるため、材料物性よりも低い値になることがあります。したがって、材料選定の1次目安と考えるべきです。

❷材料物性の測定条件に注意

材料物性は測定条件によって値は異なるため、同じ条件で測定された値を横比較することが欠かせません。

❸材料に配合剤を練り込むと物性が変化

一般的に、材料物性は標準材料を用いたときの測定値です。配合剤（添加剤、着色剤など）の種類や添加率によっては、標準材料とは異なる物性に仕上がることがあるため注意が不可欠です。

❹材料の短所に注意

成形や使用上のトラブルは、材料の短所が原因で起こります。材料カタログには、短所は記述されていないことが多く、事前に調べておくことが大切です。材料物性値をもとに製品設計するときのポイントは次の通りです。

①物理的特性

線膨張係数が大きいので、温度によって寸法変化します。一方、熱伝導率は小さく、発熱源を内蔵する筐体類では放熱が悪いため、内部温度が上昇します。

②強度特性

〈静的強度（引張、曲げ、圧縮）〉

圧縮応力には強いが、引張応力には弱いです。変形速度（ひずみ速度）が速くなると、硬く脆くなります。逆に遅いと軟らかく、粘り強くなります。また、温度が高くなると強度や弾性率は小さくなり、破断ひずみは大きくなります。

〈衝撃強度〉

図 2-36 JIS 試験片（引張、曲げ、衝撃など）の形状

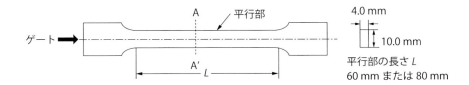

　試験片が破壊するまでに吸収したエネルギー（J：ジュール）のことで、材料選定の1次目安となります。測定値は試験片固有の値であるため、衝撃製品の設計データベースには適用できません。

〈クリープ〉

　クリープには、クリープ変形とクリープ破壊があります。クリープ変形は負荷応力が大きく、温度が高いほど大きくなります。クリープ破壊時間は負荷応力が大きく、温度が高いほど短くなります。

〈疲労強度〉

　一般的に結晶性プラスチックの疲労強度は高く、非晶性プラスチックは低いです。プラスチックでは、疲労限度が表れないことが多いです。そのため、繰り返し回数10^7回の破壊応力を疲労限度応力としています。

③耐熱性

　荷重たわみ温度は材料比較データとして活用します。強度・弾性率—温度特性は設計データとして活用します。熱劣化寿命に関する設計データには、UL746Bの比較温度指数（RTI）、電気用品安全法の絶縁物の使用温度上限値などのデータを利用します。

④耐薬品性

　非晶性プラスチックは、有機溶剤類や油などに侵されるものが多いです。反面、結晶性プラスチックはそうしたものに侵されにくい性質があります。PBT、PET、PCなどは温水、高温高湿、アルカリ水溶液によって加水分解します。全般的に強酸性薬品には侵されるものが多いです。

> **要点 ノート**
> 材料物性値と製品の性能には、違いが生じることがあります。製品設計に適用するときのポイントを理解した上で、適切な材料を選定することが求められます。

【2】射出成形品を設計する勘どころ

成形品設計①
設計基準とは

❶肉厚

　厚肉部は肉盗みをし、できるだけ均一な肉厚にすることが成形品設計の一歩です。1つの製品の中で肉厚が薄い箇所と厚い箇所があると、型内圧や冷え方に差が生じるため、収縮バラツキや厚肉部のひけなどの不良が発生します。

　肉厚は、材料の肉厚と流れ距離の関係データをもとに決定します。最近では、溶融粘度—せん断速度のデータベースを用い、CAE流動解析で検討することも多くなっています。

　ここでは、製品肉厚が決まっている場合に、ゲート位置や数を設計する考え方を説明します。**図2-37**は、ゲート位置と数によって最長流れ距離がどのように変わるかを示した概念図です。

　図中(a)は端部に1点ゲートを設けた場合、(b)は長手方向の中央に1点ゲートを設けた場合、(c)は長手方向に2点ゲートを設けた場合です。同図からわかるように最大流れ距離で比較すると、(a)＞(b)＞(c)となります。したがって、流動性の良くない材料で成形する場合には、(c)か(b)を採用するのがよいことがわかります。ただし後述するように、(c)の場合は2点から流入した溶融樹脂が合流する位置にウェルドラインが発生します。

❷コーナーR

　製品の肉厚急変部、鋭角の段差、シャープコーナーなどの流れ方が急変する箇所では、流れが乱れるため外観不良が発生することがあります。したがって、肉厚は徐々に変化するように設計すること、コーナーにはRをつけることなどに留意する必要があります。

❸リブ

　荷重変形が大きい場合は、リブを設けて補強する方法がとられます。しかし、リブ基部の肉厚が厚くなるため、リブの反対面にひけが発生しやすくなります。**図2-38**に示す基準に基づいて設計すると、ひけの発生を抑えることができます。

❹ボス

　成形品に設けられた突起形状をボスと呼びます。一般的に、ボスは金具圧入

図 2-37 ゲート位置と最長流れ距離の概念図

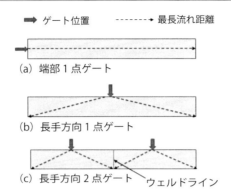

図 2-38 リブ形状と設計基準

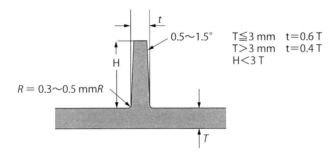

やねじ接合、かしめ、他部品の固定などの目的で設けられます。ボス基部には0.3～0.5 mm程度のRをつけるとともに、縦リブを2方向または4方向に設けて補強する設計が推奨されます。

❺抜き勾配

離型時に金型から成形品をスムーズに離型できるように、抜き方向に勾配を設けます。抜き勾配は1/100～1/50程度に設計するのが標準です。

> **要点 ノート**
> 形状設計の要点は、均一な肉厚に設計すること、ゲート位置や数を適切に設計すること、肉厚の急変を避け、コーナーやリブ基部、ボス基部にはRをつけること、抜き勾配をつけることなどです。

【2 射出成形品を設計する勘どころ

成形品設計②
成形収縮率とは

❶成形収縮率の求め方

　溶融樹脂は型内で冷却すると、体積が収縮するためキャビティ寸法より成形品の寸法は小さくなります。これを成形収縮と言います。成形収縮の大きさを表す値が成形収縮率です。キャビティ寸法L_0の金型を用いて成形したときの成形品が寸法L_1であるとき、成形収縮率Sを次式で求めます。

$$S = (L_0 - L_1) / L_0$$

　成形収縮率は、たとえば0.006の場合には6/1,000または0.6％と表現します。この成形収縮率を用いて、与えられた製品の指定寸法からキャビティ加工寸法を次式で計算します。

$$L_m = L_p / (1 - S)$$

$$L_m：キャビティ加工寸法　　L_p：製品の指定寸法$$

　または、簡易式として次式でも計算できます。

$$L_m ≒ L_p (1 + S)$$

　たとえば、製品図の指定寸法が30.00 mmの場合、成形収縮率を0.6％（6/1,000）とすると、キャビティ寸法は次式で計算します。

$$金型キャビティ寸法 = 30.00 mm ÷ (1 - 0.006)$$
$$= 30.18 mm$$

　または、

$$金型キャビティ寸法 = 30.00 mm × (1 + 0.006)$$
$$= 30.18 mm$$

　したがって、成形収縮率Sに見込み誤差があるとキャビティ加工寸法誤差も大きくなり、結果として指定寸法公差内で成形できないことになります。

❷成形収縮の傾向

　非晶性プラスチックに比べて、結晶性プラスチックの成形収縮率は大きいです。結晶性プラスチックは金型内で冷却する過程で結晶化するため、体積収縮が大きいことが原因です。成形収縮率が大きいと見込み誤差が大きくなり、寸法精度を出しにくくなります。

　表2-6に、非強化品とガラス繊維強化品の流動・直角方向の成形収縮率を示

76

第2章 成形準備と段取りの要点

表2-6 非強化品とガラス繊維強化品の成形収縮率

プラスチック	品種	成形収縮率（%）流れ方向	成形収縮率（%）直角方向
ポリカーボネート	非強化	0.6	0.6
	GF 30%強化	0.1	0.3
ポリアミド6	非強化	1.3	1.3
	GF 30%強化	0.3	0.7
ポリブチレンテレフタレート	非強化	2.2	2.0
	GF 30%強化	0.3	1.0
ポリアセタール	非強化	1.9	1.9
	GF 25%強化	0.4	1.4

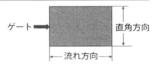

図2-39 POMの肉厚と成形収縮率

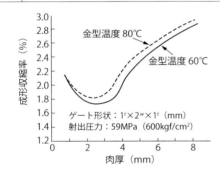

出所：三菱エンジニアリングプラスチックス、ユピタール技術資料（設計、成形編）、p.32~35

します。ガラス繊維強化すると成形収縮率は小さくなります。しかし、非強化品では成形収縮率の方向性は認められませんが、ガラス繊維強化品は流動方向の成形収縮率は小さく、直角方向は大きな値になります。また、成形収縮率は製品の肉厚にも左右されることに注意すべきです。図2-39はポリアセタール（POM）を用い、成形条件を同じにして成形品肉厚と成形収縮率の関係を調べた結果です。肉厚3mm付近で最小値になり、それより薄くても厚くても成形収縮率は大きくなっています。

要点 ノート

成形収縮率は、プラスチックの種類や繊維強化の有無、製品肉厚などによって変わります。したがって、材料の成形収縮特性をよく調べた上で、キャビティ加工寸法を決めることが大切です。

【2】 射出成形品を設計する勘どころ

成形品設計③
金型で定まる寸法と定まらない寸法

　成形収縮率をもとに精密な金型を製作しても、成形品寸法が指定公差内で成形できないことがあります。一般的に金型を高精度で加工すれば、高い寸法精度の成形品が得られる寸法を「金型で定まる寸法」、高い精度に成形できない寸法を「金型で定まらない寸法」と表現します。「金型で定まらない寸法」には、金型構造に関係する寸法、幾何公差に関係する寸法などがあります。

❶金型構造に関係する寸法

　図2-40に示す成形品について、内径aや外径bは「金型で定まる寸法」ですが、高さLや肉厚tは「金型で定まらない寸法」です。内径aや外径bは、高い精度で加工すれば、製品も高精度で成形できます。しかし、高さLや肉厚tは金型構造が関係するため、「金型では定まらない寸法」になります。

　金型構造との関係をよく調べて、「金型で定まらない寸法」の箇所に高い寸法精度を求めない設計をすることが必要です。

❷幾何公差に関係する寸法

　真円度、平面度、真直度などは幾何公差で表されます。たとえば製図法では、次の図面表示は真円度0.1 mm以内という意味です。

○	0.1

　ここで真円度とは、真円からのゆがみの大きさを表す値です。

　金属製品は主に機械加工で製作するため、幾何公差は工作機械の加工精度で決まります。プラスチックでは、金型を高精度で加工しても成形収縮率の関係で、幾何公差を満足できない場合があります。次の例があります。

　○円筒形状の成形品について、金型コアは真円だが成形品は真円度が低い
　○平面形状の成形品について、金型は平面だが成形品にはそりがある
　○断面がL字形状の成形品について、金型は直角だが成形品は内倒れする

❸成形品の真円度の実例

　表2-7は、ガラス繊維強化PC（充填率20wt％）を用いて外径60 mm、内径56 mm、高さ25 mmの成形品を成形し、内径の真円度を測定した結果です。ゲートの影響を調べるため、ピンポイントゲート方式でゲート点数を1点、3

図 2-40 | 金型構造と製品寸法の関係

金型で定まる寸法：a、b
金型で定まらない寸法：L、t

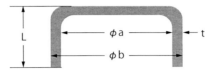

表 2-7 | 円筒成形品の真円度

試料		真円度 μm（測定箇所）
金型	コア	0（外径）
成形品	1点ゲート品	50（内径）
	3点ゲート品	28（内径）
	6点ゲート品	20（内径）

条件
材料：ガラス繊維20wt%強化PC
成形品：円筒形
外径：φ60 mm　内径：φ56 mm
高さ：25 mm
ゲート方式：ピンポイントゲート
ゲート位置：下図（1点、3点、6点）

点、6点と変えて成形しています。この結果のように、金型コアは真円度0で加工されていますが、成形品の真円度は、

$$6点ゲート < 3点ゲート < 1点ゲート$$

の順に低下しています。ゲート点数を多くするほど真円度は良くなりますが、完全に真円には成形できていません。

　要求の幾何公差を満足させるには、材料、設計、金型、成形機、成形条件などを含めた総合技術を必要とするのです。

要点 ノート

寸法には「金型で定まる寸法」と「金型で定まらない寸法」があります。一般的に「金型で定まらない寸法」については、高い寸法精度を求めることできないことに留意すべきです。

❝2 射出成形品を設計する勘どころ

製品設計①
プラスチックの長所と短所

❶他素材にない長所

一般的に、金属（銅合金、アルミニウム、鉄など）やガラスに比較して、プラスチックは次の長所があります。

　　○後加工が必要なく、成形サイクルも短いため生産性が向上

　　○比重が小さいことで製品を軽くでき、携帯に便利〜プラスチックの比重は
　　　鉄の約1/8、銅合金の約1/9、アルミニウムの約1/3、ガラスの約1/2

　　○複雑形状かつ薄肉でも成形でき、コンパクトな製品を設計できる

　　○着色した材料を用い、塗装レスで意匠性の優れた製品製作が可能

図2-41に、カメラ部品を例に金属およびガラスと、プラスチックの生産工程比較を示します。以前はカメラボディにはダイカスト（アルミ、亜鉛）、鏡胴は銅合金、レンズにはガラスが使われていました。同図のように、ダイカスト品はダイカスト成形するため成形サイクルは短いですが、バリ仕上げや機械加工（タップねじ加工、精度出し加工）、塗装などに工数がかかります。鏡胴は、銅合金からの機械加工や塗装処理に工数がかかり、またガラスのレンズ加工も加工工数がかかります。

それに対し、プラスチックは射出成形すれば、ゲート仕上げが必要なことはありますが、ボディ、鏡胴、レンズなどができ上がります。プラスチック化により軽く、コンパクトで、高性能なカメラが開発されました。ただ、金属やガラスの従来品に比べて、高い寸法精度を達成するには高度な成形技術が必要です。

❷適用時に注意すべきこと

金属材料に比較すると、プラスチックは次の短所があります。

　　○強度・弾性率が低く、大きな力を加えると割れたり変形したりする

　　○耐熱性が低く、高温では変色や破壊、変形などが起こりやすい

　　○プラスチックの種類にもよりますが、劣化（熱、紫外線）、耐薬品性、耐
　　　燃焼性などに難がある

　　○粘弾性体であるため応力緩和やクリープが起きる

また、ガラスと比べて次の短所があります。

図 2-41 カメラ部品を例にした生産工程の比較

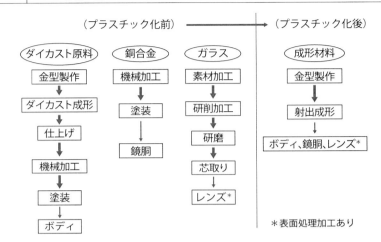

- ○傷がつきやすい
- ○紫外線劣化する
- ○透明性に劣る

❸短所を長所に変える使い方

　一方で、短所ではあるものの、設計によってはそれが長所に変わる性質もあります。プラスチックは、弾性率が低いため変形は大きいですが、逆に自動車バンパーやヘルメットなどでは衝突時に変形することで、衝撃エネルギーを吸収する機能も見込めます。

　プラスチックは熱伝導率が小さく、発熱体を内蔵するハウジングでは放熱性が良くないため、内部の温度上昇につながります。これを逆手にとって、カップ麺容器や集団給食用容器のように熱い食品を入れても冷めにくく、手で触っても熱く感じないなどの長所に変えることが可能です。

　プラスチックは絶縁材料であるため帯電しやすく、埃の付着や電気ショック、スパークによる発火などの短所があります。反面、ヘアードライヤーや電動工具のハウジングに用いると、漏電による感電事故を防止できる長所にもなります。

> **要点 ノート**
> プラスチック製品には長所と短所があります。長所を活かし、短所を克服するように設計することが大切です。

製品設計②
製品設計の留意点

❶ウェルドライン

型内で溶融樹脂が合流する箇所に、ウェルドラインが発生します。次のケースでは、ウェルドラインが発生することは避けられません。

○2点以上のゲートから流入する場合（図2-42(a)）

○キャビティ内に流動障害箇所がある場合（図2-42(b)）

そこで、設計上では次の対策が必要です。

○強度や外観が問題になる位置に、ウェルドラインが発生しないようにゲート位置や肉厚分布を設計する

○ウェルドラインが発生する箇所にはガスベントを設ける

❷残留ひずみ（残留応力）

ガラス容器に熱湯を注ぐと、熱湯と接触する箇所が局部的に熱膨張するため、ひずみが発生して容器が割れることがあります。プラスチック製品においても、類似の現象が起こることがあります。

プラスチック製品の残留ひずみは、成形時に生じたひずみが残留したものです。また、残留応力は残留ひずみに弾性率を掛けた値ですので、残留ひずみが大きいほど残留応力は大きくなります。

残留ひずみは、1つの成形品の中に成形収縮率が大きい部分と、小さい部分があると発生します。一般的に、次の場合に成形収縮率差が生じます。

○冷却が速いと成形収縮率は小さく、遅いと成形収縮率は大きくなる

○型内圧が高いと成形収縮率は小さく、低いと成形収縮率は大きくなる

図2-43に、残留ひずみが発生する2つの例を示します。

成形収縮率差を小さくする設計対策は次の通りです。

○型内圧差を小さくするようにゲート位置や数を設定する

○同時に冷却するように肉厚を均一にする

○冷却速度差を生じないように金型温調回路を設ける

❸応力集中

外力が作用すると、形状が急に変化する箇所で応力が増大します。この現象を応力集中と言います。リブやボスの基部にシャープコーナーがあると、応力

図 2-42 製品設計とウェルドライン

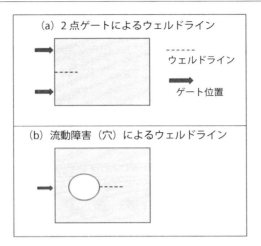

図 2-43 残留ひずみが発生しやすい成形品例

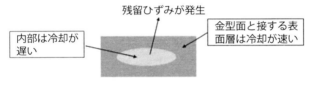

(a) 厚肉成形品の残留ひずみ発生例

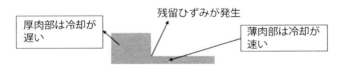

(b) 肉厚差による残留ひずみ発生例

集中によって強度が低下します。一般的には0.3〜0.5 mmのRを設けることが推奨されます。またゲート仕上げ跡も、微細な凹凸があると応力集中するため、平滑に仕上げることが求められます。

> **要点ノート**
> 製品の強度が低下する原因には、残留ひずみやウェルドライン、応力集中などがあります。これらの原因による強度低下を避けるように製品設計することが大切です。

【2 射出成形品を設計する勘どころ

製品設計における粘弾性への配慮

❶プラスチック製品の変形について考える

製品に力を加えると変形します。製品には、力に対しては応力が、変形に対してはひずみが発生します。力と応力の関係は次式の通りです。

$$\sigma = F / S$$

σ：応力（MPa）　　F：力（N）

S：製品の断面積（mm^2）

変形とひずみの関係は次式の通りです。

$$\varepsilon = \Delta L / L$$

ε：ひずみ　　ΔL：変形した長さ（mm）

L：変形する前の長さ（mm）

プラスチック製品に応力が発生した瞬間には、弾性ひずみが発生しますが、応力を加え続けると粘性ひずみが生じます。応力を除くと弾性ひずみは元に戻りますが、粘性ひずみは戻らず永久ひずみになります。このような性質を粘弾性と言います。粘弾性が関係するプラスチックの性質には、ひずみと応力の関係、応力緩和、クリープの3つがあります。

❷注目すべき3つの特性

図2-44は、プラスチックの引張応力―ひずみ曲線です。ひずみが小さい領域では、応力とひずみは比例します。ところがひずみが増大する過程で、時間経過とともに粘性ひずみが表れるため、応力とひずみは比例しなくなります。金属製品の設計では、応力とひずみは比例するため材料力学の計算式を用いて設計できますが、プラスチック製品では粘弾性特性を考慮して設計すべきです。

図2-45に示すように、応力緩和は一定ひずみを与えた状態で、時間が経つと応力残留率が小さくなる現象です。成形品のめねじを金属ボルトで締め付けて放置すると、時間が経つと締め付け力が緩くなるのは応力緩和によるものです。応力緩和を考慮すべき設計としては、成形品の残留応力やインサート周囲の残留応力、成形品のねじ接合応力などがあります。

図2-46に示すように、クリープは一定の応力を与えた状態で、時間が経つ

84

| 図 2-44 | 応力ーひずみ特性 |

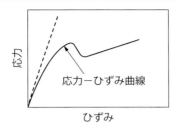

| 図 2-45 | 応力緩和特性 |

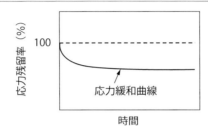

| 図 2-46 | クリープ特性 |

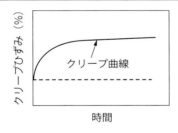

図中の点線は粘弾性を示さないときの特性

とひずみが徐々に大きくなる現象です。プラスチック製のハンガーに重いコートをかけて置くと、時間が経つとフックの部分が次第に変形し、支持棒から脱落するのはクリープによるものです。クリープを考慮すべき設計としては、部品が搭載されるシャーシ類、内圧がかかる圧力容器、水圧がかかる水道パイプなどがあります。

要点 ノート

プラスチック製品では、応力とひずみの関係、応力緩和、クリープなどの粘弾性を考慮して設計しなければなりません。

【3 成形条件の設定

成形工程と成形条件の関係

❶成形条件とは

　射出成形で製品を得ようとする際、成形機や金型の動作を規定するために設定する条件を、成形条件と言います。

❷成形条件設定とは

　成形条件の設定は、閉じられた容積が原則的に変化しない金型内製品部（キャビティ）に、一定の温度に加熱されて溶融状態の樹脂を、一定量射出注入し、一定の圧力を加えて、樹脂の容積（体積）の収縮をなるべく小さくなるようにすることが原則です。この原則は、キャビティの空間は常に一定の容積を持ち、変化しないことが前提です。そして、その空間に一定の条件（材料・温度・圧力など）であれば、まったく同じ寸法・品質の製品ができるとされているからです。

　しかし、実際は成形オペレーターが材料の溶融状態を自分なりに判断し、材料乾燥温度や乾燥時間、シリンダー温度、射出速度、射出圧力、樹脂充填量など射出側条件でベストの流動樹脂をつくり、型締め側と金型の種々の条件設定を行い、生産作業を行っているのです。

❸成形工程と成形条件の関係

　射出成形の定義は上記のようになります。ただ実際は、加熱して溶かしたプラスチックを高い圧力で金型に射出し、金型の空間を満たし、金型を冷却して満たされたプラスチックを固化させる工程から、成形品を得る成形法です。この工程で、溶かして金型に流す工程を「流す」、金型の空間を満たす工程を「形にする」、金型を冷却してプラスチックを固化させる工程を「固める」と言います（図2-47）。これらの工程に関係する条件が「成形条件」であると言えます。

①流す

　この工程は、プラスチックが溶かされる「可塑化」と、金型内を流れる「流動」から成り立っています。可塑化とは、プラスチックがシリンダーの熱とプラスチック同士、およびシリンダー・スクリューとの摩擦による熱で溶融することです。また流動とは、溶融したプラスチックが高い圧力で金型内のスプ

第2章 成形準備と段取りの要点

図 2-47 射出成形での成形工程

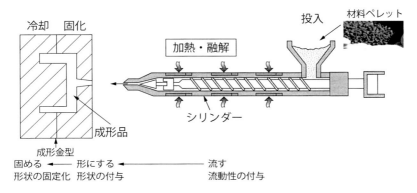

ルー、ランナー、ゲートを通ってキャビティに流し込まれるまでを指しています。

ここで関与する主な成形条件は、シリンダー温度、スクリュー回転、スクリュー背圧、射出圧力、射出速度、金型温度となります。

②形にする

この工程は、金型内にプラスチックが一杯に満たされた瞬間の「充填」と、その後の樹脂の逆流と収縮による体積減少を防止する「保圧」の2段階で構成されています。充填状態になるとプラスチックは流れなくなり、ノズルからキャビティまでが同じ圧力になり、このときに射出圧力（最大圧力）に達することになります。

一方、プラスチックは、充填された瞬間は流動性を保持しています。そのため、圧力が高くなったことで充填された樹脂の逆流が生じ、同時にコア層の冷却が始まって収縮を起こします。それを防ぐために、ゲートが固まるまで圧力をかけ続けられます。これが保圧工程となります。ここで関与する主な成形条件は、射出速度、射出圧力、保圧切換位置（V-P切換位置）、保圧圧力、保圧時間、金型温度などです。

③固める

金型内で充填されたプラスチックのコア層に存在する熱が、金型に移動して冷却固化する工程です。ここで関与する成形条件は金型温度、冷却時間などです。

> **要点 ノート**
> 成形条件、成形条件設定の定義を確認し、成形工程と成形条件の関係について最初に把握しておくことが大切です。

【3】成形条件の設定

条件設定に必要な事項①
図面・使用材料

　成形条件を設定する前に、図面に記載されている諸事項について事前に確認します。それと同時に、使用材料や使用成形機、使用金型について、ユーザー、材料メーカー、成形機メーカー、金型メーカーなどから、成形条件設定に必要な諸事項について情報をできるだけ多く取得しておくことが必要です。

❶図面により確認する事項
①成形品形状（全体形状、ゲート方式と位置および寸法など）（図2-48）
②寸法諸元
　　○全体の寸法（縦・横・高さ）
　　○各部の肉厚
　　○寸法公差の設定箇所とその数値
　　○各部の抜き勾配
　　○幾何公差（平面度・真直度・平行度・真円度・同芯度などとその基準点、
　　　基準線、基準面）
③外観不良の項目とその基準
　　○バリ・ひけ・そり・異物など
④着色品については、色の基準と色差幅
⑤成形品単重
⑥測定方法と測定器具、測定条件
⑦使用材料
　　○メーカー名とグレード
　　○添加剤・充填剤・強化材の有無と配合量等

❷使用材料について確認する事項
①材料物性（特に流動状態）
　　○強度物性（引張、曲げ、衝撃など）
　　○流動状態での温度と粘度の関係（図2-49）
　　○分解温度
　　○P-V-T曲線
　　○L/T（肉厚と流動距離）

図 2-48 | 製品図面の例

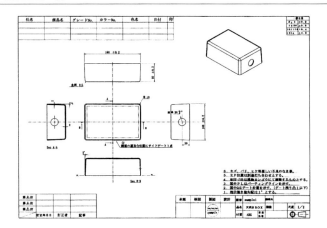

図 2-49 | 材料の温度と粘度の図

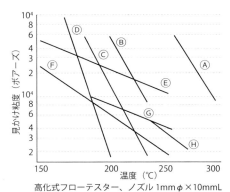

Ⓐポリカーボネート
Ⓑメタクリル樹脂
Ⓒポリスチレン
Ⓓセルロースアセテート
Ⓔ高密度ポリエチレン
Ⓕ低密度ポリエチレン
Ⓖポリアセタール
Ⓗナイロン

高化式フローテスター、ノズル 1mm φ×10mmL
圧力はナイロンのみ 10kgf/cm³ でほかは 40kgf/cm³

出所：廣恵章利、深沢勇、「初歩プラシリーズ『やさしい射出成形』第9版」

② 成形条件の設定基準
　〇シリンダー設定温度
　〇金型温度
　〇材料乾燥温度と時間

要点 ノート

成形作業を行う前には、これから成形する成形品に関連する諸事項を調査して、確認しておかなければなりません。まず、図面に記載されている事項や使用材料の特性として上記の資料を入手し、適切な成形条件設定の参考とします。

【3 成形条件の設定

条件設定に必要な事項②
成形機の仕様確認

　成形に使われる成形機は、成形しようとする成形品に対して適切なものでなければなりません。そのためには、使用する成形機の仕様内容については、熟知しておくことが必須です。成形機の仕様には射出部と型締め部があり、次のような項目があります。これらは、成形機の取扱説明書で確認しておくとよいでしょう（**表2-8**）。

❶射出部

　表2-9に示すような射出部の諸元から、次のような数値の把握が可能になります。これにより、成形条件の設定において適切な数値が選択できます。

　　○1秒間の可塑化能力の算出が可能
　　○必要樹脂量の可塑化を行うときは、その何掛けで想定すればよいかを知ることができる
　　○これにより可塑化時間の予測が可能となり、冷却時間と比較することでサイクル時間が予想できる
　　○スクリュー径より断面積を計算してそこから射出率を算出すれば、最高射出速度が算出される
　　○キャビティへの流入速度は射出率で決まる
　　○最大射出容量から計量ストロークが算出される

❷型締め部

　表2-10に示すような型締め部の諸元から、金型取り付け時に確認しなければならない型締め側の設定事項が決められます。

　　○最大型締め力により、その成形品の必要射出圧力に対応可能かどうかがわかる
　　○開閉ストロークにより、金型の厚みとの関係からその成形品の取り出しと、取出機の設定が可能かどうかがわかる
　　○タイバー間隔、プラテン寸法より使用する金型の大きさが決まる
　　○型開閉ストローク、デーライト寸法、取り付ける金型厚さと成形品の高さ寸法より、金型の開閉可能寸法が決まる
　　○突き出し仕様により、成形品の突き出しが可能かどうかの判断が可能

第2章 成形準備と段取りの要点

表 2-8 射出成形機仕様例

メーカー名　東洋機械金属　　機種名　PLASTAR Si-130 Ⅲ

項目		仕様内容	
		単位	仕様
射出部	射出ユニット形式		E
	射出ストローク	mm	144
	スクリュー径	mm	36
	理論射出体積	cm^3	147
	射出ユニット名		E200
	射出率	cm^3/s	295
	最大射出速度	mm/s	290
	最大射出圧力	MPa	191.1
	最大保圧	MPa	171.5
	可塑化能力（GPPS）	Kg/h	72.9
	スクリュー回転速度	min^{-1}	350
	ノズルタッチ力	kN	24.5
型締め部	型締め方式		ダブルトグル
	型締め力	kN	1274
	デーライト	mm	400
	最小型厚	mm	150
	最大型厚	mm	450
	タイバー間隔（H×V）	mm	460×460
	プラテン寸法	mm	640×640
	エジェクタ力	kN	34.3
	エジェクタストローク	mm	100

表 2-9 射出部の諸元例

スクリュー径	スクリューストローク	最大射出圧力
理論射出容量	理論射出質量（GPPS）	最大保圧圧力
射出率	可塑化能力（GPPS）	最大射出速度
ノズルタッチ力	スクリュー最高回転数	

表 2-10 型締め部の諸元例

最大型締め力	金型厚み（最大/最小）	型開閉ストローク
プラテン寸法	タイバー間隔（横×縦）	デーライト寸法
突き出し仕様	ロケートリング取付径	

○ロケートリング取付部の径が、金型につけられているロケートリング径より若干大きくないと取り付けができず、成形機のセンターと金型のセンターを合わせることができない

要点 ノート

使用する成形機の仕様を数値で把握しておかなければ、適切な成形条件を設定することはできません。

91

【3 成形条件の設定

条件設定に必要な事項③
金型の仕様確認

❶打合せ時の留意事項

　成形に使う金型については、新型の場合はその仕様を確認し、流路抵抗の予想を推定して、成形条件を設定する資料とします。これらの内容は本来、成形メーカーと金型メーカーで金型作成の打合せ時に、金型製作仕様として決められることです。入荷の際に、その金型が打合せ時の仕様内容で間違いなく製作されているか確認することが必要です。また成形機に取り付けて作動確認するときや、試作成形時に確認するときの項目でもあります。

❷金型仕様確認チェックシートの活用

　そのような仕様確認時に使用するのが、**表2-11**に示した「金型仕様確認チェックシート」です。次の項目については、特に仕様詳細を明らかにして条件を設定すべきです。

①金型構造

　　◇2枚型か3枚型か／◇スライド構造の有無／◇スライド構造がある場合の方式／◇突き出し方法とその配置／◇冷却方式とその回路配置／◇成形品形状とパーティングラインの位置／◇金型材質

②流路形状

　　◇スプルーおよびランナーの形状、寸法、長さ／◇ゲート形状、寸法／◇型内圧の伝搬の推定／◇コールドランナーかホットランナーか／◇多数個取りにおけるキャビティの配置とランナーの配置／◇ノズル径とスプルー径の段差／◇スプルーの抜き勾配／◇スプルー付け根のコールドスラッグへの対応

③キャビティの加工状態

　　◇スプルー・ランナーの磨き状態／◇キャビティ・コアの磨き状態／◇抜き勾配の寸法（角度と長さ）

④ゲートの形状と位置

　　◇ゲート方式（サイドゲート・サブマリンゲート・ピンゲート・その他）／◇ゲート位置（成形品に対する設置位置）／◇ゲート点数／◇ゲート寸法／◇ゲート方式と点数と配置（大型金型の場合）

⑤冷却方式

92

第2章 成形準備と段取りの要点

表 2-11 金型仕様確認チェックシート

1	紹介方法	製品図・型図・見本・その他			
2	樹脂	メーカー名	グレード		
3	収縮率	%		一部	
4	製品の透明度・色	透明・半透明・不透明		色	
5	企画成形ショット数	1万・5万・10万・30万・50万・100万・100万以上			
6	成形サイクル	秒			
7	めっき	有無	範囲	種類	
8	シボ	有無	範囲	種類	
9	彫刻	有無	範囲	製品にて凹凸	
10	インサート	有無	範囲	形状	材質
11	各部、板、勾配、R				
12	肉厚（平均）	mm			
13	製品重量	製品 g		スプルー・ランナー g	
14	可能見切り線	パーティングライン面の決定			
15	取り出し	手動・自動・落下		ランナーの処理	
16	製品精度	嵌合部・その他			
17	特に重要な点	強調したい箇所・デザイン上のライン			
18	後加工	抜き穴・印刷・塗装・接着・ゲート仕上げ・圧入			
19	成形機	メーカー名・機種（型式）・型締め力・取付盤寸法およびボルト穴仕様			
20	ロケートリング	有無	標準・特別	外形寸法	型心とのズレ
21	ノズル	口径	標準・特別		
22	取り付け	直締め・クランプ・その他		天地方向の決定	
23	型寸法	幅・長さ・高さ			
24	型重量	Kg			
25	型材質	キャビ	コア	その他	
26	型熱処理	有無	部分		
27	型構造	2プレート・3プレート・その他			
28	ランナー方式	普通・ホット・ウエル・延長ノズル			
29	ランナー形状	丸・角・台形・半丸・その他		寸法	位置
30	ゲート方式	ダイレクト・サイド・サブマリン・ピン・フィルム			
31	ゲート形状	丸・半丸・角・その他		寸法	位置 点数
32	コア構造	一体彫り・焼き嵌め・入れ子			
33	キャビ構造	一体彫り・入れ子・スライドコア			
34	面精度	キャビ	コア	その他	
35	製品押出サイド	コア側	キャビ側		
36	押出方式（コア・キャビ）	ピン（丸・角）・ストリッパ・スリーブ・エアー・ブロック			
37	押出形状（コア・キャビ）	丸ピン・角ピン・その他		寸法	位置 点数
38	押出作動（コア）	機械押出・引張リング・チェン・シリンダー・油圧押出			
39	スリーブプレート作動	引張リング・チェン・引張ピン			
40	エア・油圧・水	配管範囲・接続口径・カップリング			
41	引張リング	位置			
42	エア・油圧	有無	エアー圧力・油圧力・ユニット		
43	冷却（コア・キャビ）	ストレート・スパイラル・タンク			
44	冷却形状（コア・キャビ）	寸法	位置	口金	
45	アンダーカット				
46	アンダーカット（方式）	無理抜き・傾斜ピン・カム・ラック・シリンダー・モーター・置き駒			
47	金型温調方式	熱電対・サーミスタ・測温抵抗			
48	電気入力	動力用	電圧	サイクル	制御用 電圧 サイクル
49	電気配線	有無（範囲・2次側のみ）			
50	電気部品	メタコン端子箱・その他		メーカー指定（有無）	
51	ガス抜き溝	有無	形状	寸法	
52	検収				

◇温度範囲／◇冷媒方式（水・オイル・高圧水）／◇ヒーター方式／◇冷却回路／◇使用温調器

要点 ノート

使用する金型の仕様を正しく把握しておかなければ、適切な成形条件を設定することはできません。

【3】 成形条件の設定

条件設定項目①
射出圧力・速度

❶射出圧力

　キャビティ内に溶融材料を充填する単位面積当たりの圧力を指します。射出中に、スクリュー先端部の溶融樹脂にかかる最大応力として表されます。圧力が表示されるのは、金型内の材料流路中の抵抗圧が発生したときで、キャビティ内では徐々に圧力が上昇する圧力プロファイルになります。充填が完了すると初めて設定圧力が負荷され、ピーク圧に達します。それまでの圧力は流動圧であり、その間でノズル、スプルー、ランナー、ゲートなどを通過する際に圧力損失を起こしているために、キャビティ内にかかる単位面積当たりの平均有効圧力の推定値は25〜80 MPa程度です。

　射出圧力は、次の式で求められます。

$$P_1 = P_0 \diagup A_0 \quad P_1：射出圧力（MPa） \quad P_0：射出力（kN）$$
$$A_0：スクリュー断面積（cm^2）$$

❷保圧圧力

　1次圧で材料がキャビティ内へ充填が完了した後、すぐに切り換えられる圧力で2次圧とも言われます。充填された樹脂に圧力をかけ、ゲートから樹脂が逆流するのを防ぐため、ゲートシール時間（ゲートが固化してバックフローが生じなくなる時間）までかけておく圧力のことです。圧縮工程や保圧工程に作用する圧力でもあり、キャビティ内で溶融樹脂が冷却して発生する体積収縮分を補うために必要とされ、徐々に下げていくのが一般的です。

　保持圧力は、内部応力の緩和によりひずみの少ない成形条件を設定でき、成形品の精度を出すのに非常に大きな影響を持っています。成形品の寸法やひけなどの関係から、適切な圧力が決められます。

❸射出速度

　ノズルから射出される成形材料の流動速度で、スクリューの前進速度で示されます。実際には、キャビティを流れるときの樹脂の流速であり、成形品の品質を左右します。射出速度の多段制御は、キャビティ内を流れる速度を製品形状に合わせて制御するものです。

　射出速度による不良現象としては、遅い場合はフローマークやショート

| 図 2-50 | スクリュー形状図 |

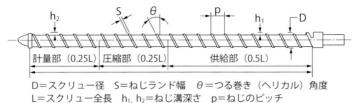

出所：廣恵章利、深沢勇『初歩プラシリーズ『やさしい射出成形』第9版』

ショット、ウェルドライン、転写・光沢不良、そりが挙げられます。また、速い場合はジェッティングやガス焼け、バリ、気泡・ボイドなどが発生します。

❹ V-P切換位置（保圧切換位置）

V（velocity）-P（pressure）の切換は射出工程から保圧工程への切換を指し、射出開始からの時間またはスクリューの位置設定で行います。切換が早過ぎる場合はショートショットになり、やや早過ぎる場合は残留ひずみが発生し、遅過ぎる場合はサージ圧の発生によりオーバーパックとなり、バリの発生やひどいときには金型の破損につながります。この切換は大きな意義を持つと言えます。

近年は、成形品に対する要求が高度化し、ショットごとの質量バラツキが重要視されてきました。そのため、型内圧を検知してフィードバックをかけ、一定内圧になったとき、自動的に切り換える圧力波形による制御方式が開発されました。これをV-P自動切換とも呼んでいます。

❺ スクリュー回転

設定には材料の熱的性質や可塑化速度、最大駆動力などを考慮して決めます。スクリュー径が変わると、回転時の周速が異なることを知っておくべきです（図2-50）。スクリュー径をDで表した場合、周速の比 $= \pi D_1 / \pi D_2 = D_1 / D_2$ であり、径の比となる。スクリュー回転数が同じでも、スクリュー径の大きい方が周速は速くなります。周速が速くなると、樹脂の可塑化時にせん断熱が発生しやすく、樹脂温度が高くなる傾向があります。成形材料の可塑化溶融は、外部的な加熱シリンダーからの伝導熱が主ですが、内部的なスクリュー回転によるせん断発熱によってもプラスされます。

> **要点 ノート**
> 成形条件の設定項目のうち、基本である射出圧力、保圧、射出速度をまず取り上げました。いずれの設定も大切ですが、圧力と速度が設定されなければ、成形機は作動しません。

【3】成形条件の設定

条件設定項目②
射出・保圧・冷却時間

❶背圧

　可塑化時にスクリュー後退に抵抗する圧力で、材料の均一可塑化、計量の安定、揮発分（エア・ガス・水分など）の除去を目的とします。低めに設定すれば大きな問題はありません。樹脂が噛み込む際に、スクリューにせん断熱が発生し、樹脂自体の発熱および混錬を促進します。

　設定は、一般的に樹脂圧換算で5〜10 MPa程度です、設定が高い場合は計量が長くなり、さらに高いと計量不良（噛み込み不良）を起こし、低い場合は脱気不良やエアーの巻き込み、シルバー、計量バラツキなどの不良現象が起こります。

❷計量値

　1ショットごとのチャージ量のことで、成形品（スプルー・ランナーを含む）の質量相当より、スクリュー先端に若干材料を残すように設定します。スクリュー回転と後退ストロークにより、加熱シリンダー前部に溶融した状態で計量されます。射出工程完了後の加熱シリンダー内の残留材料が、成形品の質量より小物では3 mm程度、大物では10 mm程度は常に残るように設定します。

　計量値は、成形機の最大計量ストロークの20〜80％以内がよいと言われています。しかし、一概には、「このストロークでなければならない」という決定的な数値はありません。

❸クッション量

　射出工程完了後の加熱シリンダー内に残留させる材料のことです。保圧工程で、金型内の溶融樹脂が冷却に伴って体積収縮する分を補うもので、保圧時間中に徐々にクッション量は減少します。必ず保圧時間完了まで残すだけの設定値にしなければなりません。量の変動が大きいということは、成形が不安定であることを示しています。量の変動を監視することで突発的な不良品の発生を監視し、不良品を排除しようとする監視機能です。

❹射出時間

　可塑化された材料が、キャビティ内で成形品形状に充填完了するまでの時間で、1次圧を負荷している時間のことです。長く取り過ぎて、充填完了後でも

| 図 2-51 | ゲートシール時間の測定の例 |

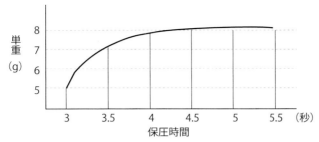

この場合は4.5秒がゲートシール時間だが、保圧時間としては5秒で設定する方がよい

射出圧がかかると過充填になり、バリや残留ひずみの原因となるため適切な時間に設定することです。時間の過不足で発生する想定不良の中に、ウェルドライン、ヘジテーションマーク、フローマーク、ひけがあります。

❺保圧時間

V-P切換後、圧縮・保圧工程に要する時間で、成形品とゲートの厚さで決定されます。その時間はゲートシール時間に合わせればよいのです。成形品重量や成形収縮率が一定になるまでの時間で求められます。目的は、ゲートが完全にシールされるまで適正量のプラスチックをキャビティ内に補給しつつ、圧縮したままの状態で保持しながら冷却させることにあります。

この時間の設定は、製品の大きさ（射出量）とゲートの厚さで決定されます。特にゲートの大きさ・厚さに対する依存度が大きく、保圧時間は射出時間に比べて数倍かかるのが普通です。保圧時間は通常、ゲートシール時間によって一義的に決められます（図2-51）。

❻冷却時間

保圧時間終了後、金型内で成形品が冷却固化する時間のことです。言い換えれば、成形品を金型から取り出すことが可能になるまでの時間のことです。

材料の種類や成形温度、スプルー・ランナーの太さ、成形品体積、肉厚、金型温度などが時間に影響する因子ですが、通常は現場での成形品の状態に基づいて冷却時間が決められます。そのためには樹脂別、肉厚別に理論冷却時間を集め、製品種類別、金型業者別に理論冷却時間に対する実際に要した冷却時間のかけ率を集め、手元に積み上げることが必要です。

> **要点 ノート**
> 成形条件の設定項目は、いずれの項目も重要です。適切な設定を行わなければ、良い成形品を得ることはできません。

【3 成形条件の設定

条件設定項目③
温度設定

❶シリンダー温度（成形温度、樹脂温度）

　材料を加熱して溶融するための温度のことです。通常はシリンダー温度で代替されますが、成形温度や樹脂温度とも言われます。設定では、シリンダーヘッド部分を高くして「山」形にすることが多く行われます。そして成形温度と表現される場合は、シリンダーヘッド部分の温度を示すことが多いです。

　計量ゾーンでの樹脂温度は、スクリューで可塑化されるときにせん断熱が発生するため、設定温度より10〜20℃高くなることが一般的です。これはせん断熱によるもので、スクリュー形状や回転数によって変化するため、樹脂温度を正確に計測しておく必要があります。

①シリンダー温度の設定方法

　シリンダー前部の設定温度は、供給部との温度差を50℃以内に設定します（**図2-52**）。その他にも、次のような目安があります。

　　○供給部の温度設定：結晶性樹脂は融点の +10 〜 15℃が目安

　　○圧縮部の温度設定：結晶性樹脂は融点の +10 〜 15℃を目安とする。非晶性樹脂は、最低でも軟化点（ガラス転移温度）以上に設定

　　○計量部の温度設定：供給部と同じか高くても10℃以内とする

　　○ノズル部の温度設定：ノズル詰まりを起こさない、スプルーの糸引きを起こさない温度設定にするのが基本条件。ノズル部の温度は、安定した連続成形には非常に重要

②樹脂温度の測定方法

　実際の成形サイクルで成形し、一定の温度になってからフリーショットで出てくる溶融樹脂を熱伝導の悪い磁性容器に受けて、直ちにサーミスタを差し込んで最高値を読み、その温度が成形温度の範囲内であればよいのです。

❷金型温度

　金型は一種の熱交換機であり、溶融樹脂が冷却する過程で熱を奪い、系外に放出することがその機能です。それゆえ、流入熱量と除去熱量のヒートバランス（熱収支）で決まります。冷却回路の設計の基本は、同じ温度および流量の冷媒を流すことで、成形中の平均金型表面温度が設定通りかつ均一になるよう

第2章 成形準備と段取りの要点

図 2-52 │ シリンダー温度画面の例

(℃)	ヒーター1	ヒーター2	ヒーター3	ヒーター4	ヒーター5	ホッパー下
測定値	220	229	219	210	199	39
設定値	220	230	210	210	200	40

図 2-53 │ 射出・計量画面の例

	速度設定	6速	5速	4速	3速	2速	1速	測定値	
射出	位置 (mm)	0	0.00	15.00	20.00	25.00	30.00	26.00	25.21 mm
	速度 (mm/s)	0.0	20.0	25.0	30.0	30.0	30.0		−0.1 mm/s
	1次圧R (MPa)						150.0		
	保圧設定	6次圧	5次圧	4次圧	3次圧	2次圧			
	保圧R(MPa)	0.0	0.0	0.0	0.0	90.0	1次タイマー	0.0 RMPa	
	タイマー (s)	0.00	0.00	0.00	0.00	5.00	5.00	0.00 s	
	2次圧切替モード	ストローク	13.00	mm					
計量	可塑化	23.00	mm	計量位置	22.21	mm	サックバック	3.00	mm
	回転速	80	min	時間	1.30	s	速度	39.0	mm/s	0 min
	樹脂圧	10.0	RMPa	樹脂圧	12.0	RMPa			
タイマー	冷却タイマー	30.0	0.0	s	ノズル	21.8	mm	総回転数	5.5 Rev

に、冷却穴を必要部分に配置することです。このためには、流入熱量の正確な推定と使用する冷媒の流量（ポンプ吐出量）、および圧力（ポンプ圧力）、冷媒温度などを定量的に適切に把握することが必須です。

　金型温度の設定は、樹脂の種類によりメーカーが推奨する温度があります。それを参考に成形条件を設定し、条件を整える中で最も良いと思われる温度に設定します。設定に当たっては、初期温度は高めにします。要求品質をクリアしてから温度を下げる、というステップを進めるのが基本です（図2-53）。

　金型温度の工程管理としては、以下のような温度が用いられています。
　〇金型にサーミスタを取り付け、その表示温度
　〇金型温調機の設定温度、または金型の中を循環した後の媒体の温度
　〇金型キャビティ表面の温度

　金型温度は、成形品の寸法や表面光沢、そりやひけ、気泡、ウェルド、ジェッティング、フローマークなどの表面不良に影響し、サイクルにも大きな影響を与える存在です。

要点 ノート

成形条件の設定項目のうち、最も重要なものは本項で取り上げたシリンダー温度と金型温度です。成形過程で常に変化をすることが理由です。そうした中で、いかに安定成形をするかが射出成形の技能であると言われています。

【3】成形条件の設定

条件設定項目④
型締めに関する事項

❶型締め圧力

型締め圧力は、射出成形機の大きさや能力を表す指標として、一般的に使われています。型締め力は、射出圧力が金型内に及んでも、金型が開かないように加えられる圧力です。射出圧力は次の計算式で表されます。

$$T\,(kN) \geq (0.3 \sim 0.5) \times P\,(MPa) \times S\,(cm^2) \times 10^{-3}$$

型締め力：T（kN）（上記式で出される値に安全係数を20％程度見込む）

射出圧力：P（MPa）（型内平均有効圧力で、圧力損失で30～50％程度まで低下）

総投影面積：S（cm²）（キャビティ＋スプルー＋ランナー）

❷型締め速度および型開き速度

型閉じおよび型開き動作は、次のような順序を取るのが一般的です。

○型閉じ動作：高速前進→低速型閉じ→低圧型締め→高圧型締め

○型開き動作：低速型開き→高速後退→低速突き出し

この動作の1段目と2段目の速度のことで、その際の可動盤の移動速度になります。動作は、トグル式か直圧式かなどの型締め方式により制御方式が異なります。トグル式は、機構上の特性で動きがほとんど自然です。加えて電動式は、サーボモーターへのインプットにより完全制御が可能です。直圧式は、型締めシリンダーへの送油量の調整により制御されます。いずれも最近の成形機の多くは、ディスプレイ上の容易な操作で調整が可能です。

一般的に開閉速度は、サイクル短縮の点から速くするのが望ましいのです。一方、金型構造に複雑なスライドコア構造や回転構造など特殊機構を採用したものや、製品形状、材質によって割れが発生するものなどの場合は、極度な高速設定は避けなければなりません（図2-54）。

❸型締め速度切換位置

型締め動作で、上記1段目と2段目の速度を切り換える位置のことです。成形サイクル短縮のためには、低圧型締め開始の直前まで高速作動させる必要がありますが、金型保全のためには適切な位置で切り換えることが求められます。

図 2-54 | 型開閉設定画面の例

型開き設定		5	4	3	2	1	低圧型締め	3.0	0.0	s
位置（mm）		225.0	66.0	22.0	3.0	0	監視　トルク	30	10	%
速度（%）		10.0	10.0	10.0	10.0	10.0	型開監視	30.0	0.0	s
型締め設定		1	2	3	4	5	監視　トルク	100	19	%
位置（mm）	310.0	66.0	38.0	3.8	1.38	0	EJ前進監視	30.0	0.0	s
速度（%）		10.0	10.0	10.0	5.0	15	監視　トルク	100	32	%
測定値	位置	310.0	mm				EJ後退監視	30.0	0.0	s
エジェクト設定	後退		前進				監視　トルク	100	76	%
位置（mm）	0.0	0.0	0.0	0.0				設定値	測定値	
速度（%）	100.0	0.0	0.0	0.0			回数（回）	0	0	
測定値	位置	0.0	mm				スタート待ち (s)	0.0	0.0	
中間タイマー	3.0	0.0	s				停止　　　(s)	0.0	0.0	

❹型開き圧力

型開き力は、成形工程が完了して型締め力が解放された後、金型を開くために発揮される力で、前項と同じくkNで表します。型締め力の10%程度で使われれます。深物の成形では、金型を開くときに高い型開き力を必要とします。

❺型開き速度切換位置

上記の型開き動作における、1段目と2段目の速度を切り換える位置のことです。成形サイクルからは、型開き開始直後から高速にし、設定されている型開きストロークの直前まで高速にすることが理想です。型開きストロークは、成形品を取り出すために金型を開く可動盤の移動距離を表します。

❻突き出し圧力

成形された製品を金型から突き出す際の金型エジェクタプレートを作動させるのに必要な力を言い、突き出し可能な最小の力＋aでよいのです。過重な圧力は、金型の破損に通じるため注意が必要です。その力は、型締め力の3～4%程度の大きさが多用されています。

❼突き出し速度

成形した製品を金型から突き出す速度のことで、エジェクタロッドの前進速度を指し、単位はmm/秒で表します。突き出す速度が速過ぎると、成形品が変形したり、表面が白化したりする場合があります。遅過ぎると成形サイクルが長くなります。

要点　ノート

成形条件の設定項目のうち、型締め側の設定では型締め力を決めることが重要です。射出圧に負けない圧力設定が求められます。その他では成形サイクルに関係する項目が多く、この設定も重視されています。

【3】成形条件の設定

成形条件の粗条件の出し方

　新しい金型の成形条件を設定する際に、それぞれの項目についておおよその条件を設定する方法を以下に紹介します。

❶型締め圧力・低圧型締めの設定

　型締め力は、金型が開かないようにするため、樹脂の流入で生じる力（キャビティ内圧×投影面積）よりも大きく設定します。また、低圧型締めは、名刺1枚（約0.3 mm）をはさみ込んだときに停止するように調整します。

❷シリンダー温度・冷却時間の設定

　シリンダー温度は、樹脂の溶融温度をシリンダー中心部の温度とし、それより若干下げた値をノズル温度、ホッパー下温度とします。冷却時間は、成形品が厚物の場合は長めに、薄物の場合は短めとします。成形品の状態を見て、徐々に時間を短くしていきます。

❸スクリュー回転数・背圧の設定

　スクリューの回転数は低めに設定し、冷却時間以内に計量完了ができる回転速度まで上げていきます。背圧は、樹脂粘度が高いものは高く、低いものは低く設定します。一般的には、射出圧力の5～10％が基本と言われています。

　いったん決めた背圧の条件で、銀条・色ムラ・計量バラツキが生じた場合は上げます。また、ドローリングや計量時間の増加、シリンダー温度の上昇が生じるときは背圧を下げます。

❹射出圧力・保圧・射出速度・射出時間の設定

　射出圧力は、過充填による金型の破損を防ぐため、低めに設定します。その後、射出速度が十分出る値まで徐々に上げていきます。保圧の主要な働きは、補償流入による収縮に基づく体積減少分の補充です。射出圧力よりは低い圧力で樹脂を注入します。

　射出速度は、成形品が薄物の場合は速め、厚物の場合は遅めにし、成形品の表面状態に合わせて速度を調整します。射出時間の近似設定としては、樹脂の種類を問わず、成形厚み1 mmに対して1秒とします。これを基準として、成形品厚みの2乗に反比例させます。

| 第2章 | 成形準備と段取りの要点 |

表 2-12 | 樹脂の種類による肉厚と冷却時間の関係（例）

成形品肉厚	冷却時間（秒）／樹脂の種類					
（mm）	GPPS	PP	ABS	POM	PC	PBT
0.5	0.98	0.56	0.45	0.56	0.66	0.56
1	3.93	2.26	1.78	2.23	2.64	2.26
1.5	8.85	5.08	4.01	5.01	5.94	5.08
2	15.73	9.03	7.14	8.90	10.56	9.03
2.5	24.58	14.11	11.15	13.91	16.50	14.11
3	35.4	20.31	16.06	20.03	23.76	20.31
3.5	48.19	27.65	21.86	27.26	32.34	27.65
4	62.94	36.11	28.55	35.60	42.24	36.11

❺計量完了位置・射出保圧切換位置

　計量完了位置は、成形機の最大計量位置の90％以下とします。射出保圧切換位置を、射出完了位置より若干少ない位置に設定します。この設定位置であれば、当然ショートショットになりますので、順次それが解消するように切換位置を移動させていきます。

　射出保圧切換位置の簡易設定はとしては、一般的に最大計量位置が、たとえば100 mmの場合は残量5 mm（5％）程度となるように保圧切換位置を決めます。射出で成形品の90％をつくるのですから、上記の作業を繰り返し、90％の成形ができた時点を切換位置と決めます。

❻冷却時間・エジェクタ時間の設定

　冷却時間は、充填された樹脂が金型内で冷却固化し、取り出しが可能となる時間です。金型に充填された樹脂は、その時点から固化が始まっています。冷却時間は、成形品の形状や肉厚、樹脂の種類などで大きく左右されます。また、成形品だけでなく、ランナーの太さがその固化時間に関係することもあり、冷却時間にも影響します（表2-12）。

　エジェクタ時間には、エジェクタ突き出し時間、エジェクタ戻り時間、エジェクタ遅延時間があり、それらを適性に設定しないと成形サイクルに影響します。

要点 ノート

成形条件の設定において、最初から最も適切な設定値を決めることは難しいです。したがって、上記のような方法でおおよその値を設定し、徐々に詰めていく方が結果的に時間はかからないことになります。

【3】成形条件の設定

最適条件を割り出すポイント

　成形条件の設定において、最適な条件を見つけることは大変重要です。設定した条件が最適であるかどうかは、量産過程での不良品の発生状態によって判断されます。

❶最適成形条件であるかの判断基準

①成形品品質に影響を与える項目

　温度や速度、圧力、時間のほか冷却時間、型開き速度、エジェクタ速度などが重要な指標となります。

②最適化されているかの判断

　最終的に得られた成形品が、設計者の意図しているものであることが第一です。このほか温度や速度、圧力、時間が多少変動した場合でも、恒久的に良品が得られる成形条件であるようにすべきです。

❷成形条件最適化のための成形テスト

　成形品の状態が確実かどうかを確認します。必要があれば、この間で金型の修正も行います（この段階では成形サイクルは無視する）。温度、速度、圧力、時間などを意図する条件から何段階か変えて調整し、外観不良なども解決する条件を設定し、成形品の品質を確認します。

　そして、目標サイクルでの成形が可能かどうか確認し、必要に応じてさらに成形条件を調整して、成形品の品質を確認します。量産品であれば、連続8時間程度のロングラン成形を行い、成形品の品質を確認します。量産サイクルで不具合がなく、良品が取れる状態であれば、成形条件が最適化されたと判断します。

❸成形品最適化を判断する品質確認項目

　外観不良（ひけ、焼け、変色、シルバーなど）が許容範囲内に入っているかを確認します。このほか、設計図面の重要寸法部分が、確実に図面公差範囲内に入っているかも把握します。また、成形品の重量が安定しているか、成形品を組み立てて最終的な製品が正常に作動するかも大事なチェック項目です。

❹品質確認項目の内容

　外観不良検査項目は、**表2-13**に示すように分類されます。その成形品に該

第 2 章 | 成形準備と段取りの要点

表 2-13 | 外観不良検査項目の例

外観検査項目		内容
仕様・形状・構造に関わる問題	形状	図面形状との差異・変形・欠損
	構造	組立・組合せ・位置・ずれ
	寸法	寸法の大小
	色	色目・色調・変色
	意匠・印刷	指定の意匠・印刷との差異
表面状態に関わる問題	表面の見栄え	凹凸・しわ・筋・ツヤ・ムラ・くもり・ブツ・劣化・外観上特異マーク
	感触	異感触
	キズ	引っ掻き・曲げ・当て・こすれ
	付着	汚れ・埃・遺物
仕上りに関わる問題	仕上り丁寧さ	バリ・突起・欠け・加工跡

図 2-55 | 3次元測定器の例

出所:ミツトヨ

当する項目を検査することにより、成形条件が最適かどうかの判断基準の1つとします。

　成形品に使われる測定機器の代表的なものに、ノギスやマイクロメータ、デプスゲージ、ハイトゲージなどの実長測定器があります。このほかダイヤルゲージや各種基準ゲージ、限界ゲージなどが用意され、形状や状態を測定します。また、投影機や工具顕微鏡などの光学測定器、3次元測定器は精密測定に活用され、成形品の精度を保証するのに役立っています（図2-55）。

要点 ノート

前項と同じく、最適な成形条件をいきなり設定するのは至難の業と言えます。さまざまな測定ツールを駆使して成形品の状態を確認しつつ、設定値を少しずつ変えていくのが早道です。

❸ 成形条件の設定

新型試作から量産までの過程

❶事前検討

①従来事例のない材料、形状の場合

　使用材料の確認として、材料の特徴（一般的物性・材料の流動性）、 成形条件（シリンダー温度・金型温度）を確認しておきます。形状については、図面よりの体積、重量の推定、使用予定成形機での計量値の推定、材料情報より成形条件の検討を事前に行います。

②従来事例のある材料、形状（以前のデータの確認）

　材料についての確認は必要ありません。形状については、従来と似た形状であれば、これまでの条件から検討を行います。

❷成形機の確認

　成形機の作動、取付盤の作動、シリンダーのヒーターの導通確認および付帯設備（取出機、温調機、コンベア、コンプレッサー、その他）の作動確認も事前に行います。

❸金型の確認

　金型の入荷時に、金型作成依頼時の仕様書に基づいて確認します。金型取付前に作動上の確認事項として、水管の導通やヒーターの断線など電気回路の導通を確認します。次に金型を取り付けて、型締め・型開きでの異常やスライドコアの作動異常など作動上の確認を行います。

❹試作開始時の確認

　実際に事前検討し、設定していた成形条件で試作を行います。金型全体の作動やスプルー、ランナーの離型状態などにより連続成形が可能かどうかを判断します。

❺試作作業～量産

①外観確認による成形条件設定

　事前設定条件での試作により、外観不良状態への対応（成形トラブル対策参照）として、許容範囲内に入っていることが必要です。

②条件変更時の対応

　変更結果がすぐ表れる条件（圧力・速度・時間など）の場合は、半自動また

第2章 成形準備と段取りの要点

図 2-56 | 新型の試作から量産までのフローシート

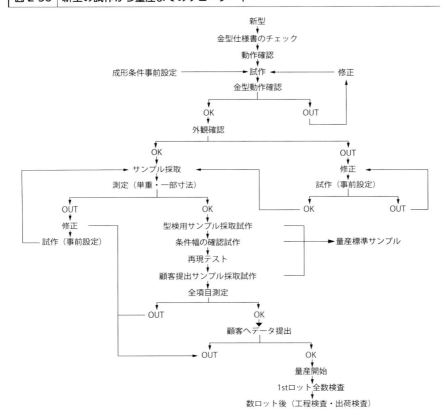

は自動でそのまま継続して成形を行い、確認サンプルとします。変更結果がすぐ表れない条件（シリンダー温度、金型温度など）の場合は、それぞれの条件に達した後、安定と思われる時点以降の成形品を確認サンプルとします。

③最終確認

最終的には、図面通りに成形された成形品（部品）を組み立てた製品が、正常に作動することを確認することになります。図2-56に量産までのフローを整理しました。

要点 ノート

新型ができたら、量産時の成形条件を決めます。そのためには、事前に確認しておく事項が種々あります。量産条件を決める試作段階では、外観不良を解決してから他の項目を目的に合わせ、調整していくのが手順です。

【3 成形条件の設定

成形条件設定とレオロジーの関係

　プラスチック成形加工の特徴は、プラスチック材料の高分子としての粘弾性物質としての特性と、それを成形品に活かす成形加工プロセスです。

　プラスチック成形加工では、成形される材料が高分子であり、それが粘弾性挙動を示すことから、それにまつわる諸現象を評価し把握するためには、粘弾性体の変形挙動を取り扱う学問である「レオロジー」の知識が要求されます。射出成形におけるレオロジーに関しては、第1章第2節で詳しく書きましたが、ここでは成形条件の設定段階で配慮すべきことを述べます。

❶プラスチックの流動変形について

　プラスチックの流れは、非ニュートン流体です。非ニュートン流体は、図2-57に示すように2つの挙動を示します。熱可塑性プラスチック流体の大部分をはじめ、多くの物質は実線に示すようにせん断応力Sが増加すると、分子間の絡み合い状態に変化が生じます。粘度ηはある点を境に漸減し、速度は上昇します。このような挙動をチクソトロピーといいます。すなわち、せん断応力が一定以上に増加しないと流れやすくならないのです。これに対し、点線の挙動はダイラタンシーといって、一言で表すと2次構造の生成、破壊によって粘度が変化するという難しい表現になります。

　チクソトロピー的挙動を示す熱可塑性プラスチック流体の多くは、せん断応力が大きいほど粘度は漸減し、容易に流れるという非ニュートン流体で、非ニュートン粘性挙動を示します。すなわち、せん断応力が増加すれば粘度は低下し、流れやすくなるため低圧高速成形が可能となります。これが射出成形の条件設定でも、射出速度を速めることに関する基本的な考えに通じるものです。

❷レオロジーの関与が大きな成形工程

　非ニュートン流体状態の状態では、溶融プラスチック材料の粘度は高ひずみ状態になると大きく減少し、流れやすくなります。すなわち高ひずみ速度では、細い穴でも比較的容易に流れることになります。成形加工プロセスに多いキャピラリー（毛管）流動は、図2-58に示す高ひずみ速度側に相当する、非ニュートン流体の状態で流動させることが一般的です。この性質を利用してい

図 2-57 | 非ニュートン流体の挙動

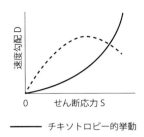
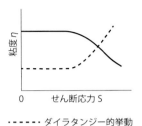

―― チキソトロピー的挙動　　・・・・・ ダイラタンジー的挙動

出所：「初歩プラシリーズ『やさしい射出成形』」

図 2-58 | 定常せん断粘度のひずみ速度依存性

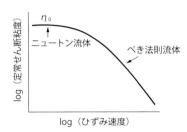

出所：プラスチック成形加工学　テキストシリーズ

る成形法の1つが射出成形です。

　射出成形の各工程では、圧力と速度および温度が関係し、樹脂は流動状態にあるため、どの段階でもレオロジーが関与していると言えます。その中でも、ノズルからの射出過程およびゲートからキャビティへの樹脂の流入過程が、最も顕著に表れる箇所であり、成形品の品質に大きく影響のある保圧過程でのクッション量を使っての樹脂の保圧過程です。

　射出成形においてこの現象を利用して高速射出すれば、キャビティ内に均一充填ができるため、強度・密度が均一になります。収縮も安定します。また、適圧（低圧）での成形が可能になるため成形ひずみも少なく、そりの発生も防げ、経時変化の少ない成形品が得られることにつながるのです。

> **要点 ノート**
> 射出成形において、材料の流動挙動に関係するレオロジーの知識は非常に重要です。成形条件の設定に必要な事項を紹介しました。

【4　成形品の品質確保のポイント

品質に関する姿勢

　品質に関係する用語には、品質や品質管理、品質保証などがあります。これらの言葉に関する定義を確認しておく必要が重要で、以下に紹介します。

❶品質とは
　製品やサービスが、顧客欲求を満足させる度合い（使用適合性）です。使用適合性を高めるには、設計品質と適合品質の両方を確保することが不可欠です。
　設計品質とは、顧客欲求を満足させることを狙ったレベルの度合いのことです。一般には、製品規格や品位（グレード）を意味します。一方、適合品質とは、製造品質の設計品質に対する適合の度合いを示します。製造工程の能力が満足でき、工程の品質管理が正しく行われれば、適合品質は確保できます。
　生産者が現在の企業の実力（生産技術、工程能力など）で生産でき、かつ消費者の経済、その他の能力や購入の目的を考え満足させる性質です。品質の4つの側面とは次に示すものです。
　　○Q（quality）:狭義の品質特性
　　○C（cost）：コスト・価格（利益）に関係する特性
　　○D（delivery）：量、納期に関係ある特性
　　○S（service）：製品出庫した後の問題、製品をフォローアップする特性

❷品質管理とは
　品質管理の定義について以下に述べます。
①JIS　Z　8101-1981
　現在はISO9000に統合されていますが、買い手の要求に合った品質の品物、またはサービスを経済的につくり出す手段の体系を言います。
②広義の品質管理
　顧客や社会の要求する品質を満たし、ニーズに合った製品やサービスをつくって提供するための品質管理活動を指します。
③狭義の品質管理
　主に製品製造に関係することです。製造部や品質管理、生産技術、購買部などが中心となり、行われる品質管理活動のことです。

図 2-59 | 品質保証体系の例

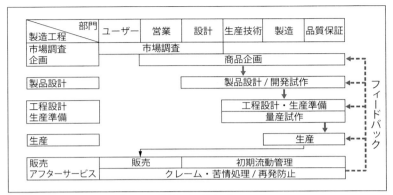

出所：日本品質管理学会編、「新版　品質保証ガイドブック」、2009

④品質管理項目

品質管理とは次の5Mを管理することです。

　〇Material：原材料・外注管理

　〇Machine：設備管理

　〇Method：作業方法・標準化

　〇Measurement：計測管理

　〇Man：人間・教育

❸品質保証とは

品質保証とは、顧客に対する品質への約束であり、契約のことです。顧客が安心・満足して買うことができ、それを使用して満足感を持ち、長く使えることを保証するものです。

品質保証体系は、製造の上流段階から下流に向かって「企画」「設計・試作」「量産試作」「購買・外注」「生産」「販売」「アフターサービス・調査」で構成されます。これらの各段階が相互に関係した体系を確立していないと、真の品質保証は実現できません（図2-59）。

> **要点ノート**
> 品質に関連する言葉は相互に関係しており、モノづくり企業においては品質確保に向けた体系を確立しておくが不可欠です。

【4 成形品の品質確保のポイント

プラスチック成形品の品質を
左右する要素

　プラスチック成形品の品質を表す基準には、外観品質や寸法品質、強度品質などがあります。これらをいかに確保するかが成形品製造工程での重要事項です（図2-60）。そのポイントを次に紹介します。

❶外観品質

　表2-14に外観品質のチェック項目を示しました。これらの詳細については、次章第2節の「成形トラブルと対策」で詳述するのでご参照ください。

　外見検査の方法は、使用条件に応じて決めます。クラック・ショートショット・バリについては拡大鏡で調べます。外観欠陥の表現方法は、明確に決めておかなければなりません。また、必要に応じて限度見本を制作し、用意しておくとよいでしょう。外観検査の自動化はすでに行われていますが、基準を明確に規定することも欠かせません。

❷寸法品質

　寸法品質に影響する要素には次の項目が挙げられます。
　○成形品の寸法精度
　○成形収縮率と寸法公差
　○成形機性能と寸法バラツキ
　○成形条件管理と寸法バラツキ
　○後収縮による寸法公差外れ
　○寸法バラツキの未然防止のための成形技術

　検査と測定に際して、次の事項を理解することが必要です。寸法公差とは、指定された寸法を基準に許容範囲を定めた寸法のことです。実寸法は、製品のでき上がり寸法を規定するものです。あらかじめ許された誤差の限界を示す許容限界も重要な指標です。大小の限界を示す場合は、許容限界寸法と称されます。

　寸法測定時の注意事項としては、金型の動かない部分を基準とすることや、金型の動く部分（コアとキャビティにはさまれた箇所など）は重要寸法にしないことという基本原則があります。その他にも次の事項に留意すべきです。
　○金型による誤差は寸法公差の1/3以内にする

112

図 2-60 | 射出成形品の品質と生産工程の関係

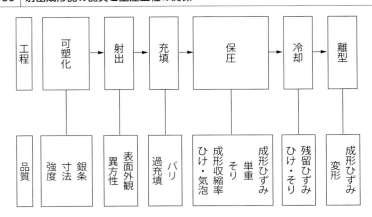

表 2-14 | 外観品質の項目

外観品質の項目			
ウェルドライン	そり・ねじれ	光沢不良	シボの光沢ムラ
ひけ	銀条	表面剥離	フローマーク
バリ	異物（黒点）	湯じわ	ジェッティング
ショートショット	割れ・クラック	未溶融物	焼けおよび黒条
ボイド	白化	色相不良	その他の異常

- ○成形誤差は寸法公差の2/3以内にする
- ○測定は一定の環境（23℃・50%）に24時間以上放置した後に行う
- ○測定する器具は検定済品を使用
- ○成形品のどの箇所を測定するか、をあらかじめ決めておく

❸強度

　力のかかり方によって、測定項目が決まります。短時間だけ力が加わる場合は静荷重をチェックします。繰り返し力がかかる場合は疲労を、同じ力が長時間かかる場合はクリープを測定します。

　なお、検査項目は実際の使用条件を考慮して決めます。この場合は成形品の破壊検査となり、事前に検査数と検査項目を設定するとよいでしょう。

> **要点 ノート**
> 成形後の品質確認項目としては、本項で挙げた「外観」「寸法」「強度」が主です。これらの良否は成形過程に関係するため、トラブルが発生しないよう注意しなければなりません。

コラム

● 検査と品質の関係 ●

　モノづくり企業では、建前はともかく、不良品の発生が避けられないと考えられています。プラスチック成形加工業で多く見られるのが、不良品の発生が増えると、往々にして検査基準を厳しくする傾向があることです。製品の合格基準は、顧客との協議によって決められますが、成形メーカーではクレームをなくすため、判定基準を厳しくするようです。本来は、クレームがあれば工程の見直しや改善が行われますが、製品外観などでは定量的な改善が難しいものがあり、工程改善では十分に対処できない場合があります。

　このような状態での工場の品質管理は、検査主体になりやすいのです。顧客からの要求は、「納品される全製品の品質保証」です。品質管理の観点からは本来の工程改善を外れ、全数検査を経て不良品を除外することになります。すなわち、選別を行った上で場合によっては手直しにより合格品とすることも行われています。これは、たとえば成形メーカーでは以前から行われている「バリ取り作業」などが該当します。

　しかし、全数検査は非常に不能率な作業です。特に人海作戦で行う目視による全数検査では、不良品が紛れ込むことはしばしば起きます。これを防止するために、カメラを用いての外観検査装置などが多く市販されていますが、これもコストが相当かかります。これらの作業をなくすには、品質規格の見直しを行い、不必要な検査をやめることが1つの視点です。それとともに、本来の品質管理である生産工程の改善により、不良品の発生を防ぐようにしなければなりません。

【 第**3**章 】

生産効率を高める
射出成形の着眼点

【1 生産性に表れる金型交換作業

外段取り作業①
次材料の準備および予備乾燥

❶次材料の準備

　材料には、ナチュラル材と呼ばれる自然色（無着色）と、さまざまな方法で着色された（ドライカラーリング・マスターバッチ・カラードペレットなど）材料があります（**図3-1**）。着色方法により材料の扱い方に違いがあり、特にドライカラーリングでは、着色剤（粉末状）による作業環境の汚染や清掃時間のムダなどが発生します。カラードペレットとマスターバッチでは、通常の乾燥機を使用するなど取り扱いに特別な配慮は不要ですが、ドライカラーリングは乾燥装置の汚染などもあり、シリンダーへの投入はホッパーローダーを使用せずにホッパーからの直接投入となります。

①ドライカラーリング

　ナチュラル材を乾燥し、ブレンドオイルと顔料・染料をミキサー（タンブラーなど）で撹拌・混合します。色ムラが表れ、着色ロット間のバラツキが生じやすい特徴があります。

②マスターバッチ

　ナチュラル材とマスターバッチ（コンセントレート）をミキサーで撹拌・混合します。ABSなどナチュラル材の色のバラツキにより、材料ロット間の色のバラツキが生じやすい特徴があります。

③カラードペレット

　押出機で溶融混練された着色ペレット。着色費は最も高価ですが、色ムラがなく安定性が高いため、大量生産品や嵌合品などの生産に採用されます。熱履歴が一度加わるために、分子量が低下する材料もあります。

❷予備乾燥

　予備乾燥に使用される代表的な乾燥機および付帯設備には、箱型乾燥機や熱風乾燥機、除湿乾燥機、真空乾燥機、ホッパーローダーがあります。生産状態や材料特性によりそれぞれの乾燥機を使い分けます。

①材料乾燥

　一部の材料を除き、プラスチックには吸湿性があるため、材料ごとに必要な温度と時間で乾燥を行わなければなりません。乾燥温度と乾燥時間の組合せ

図 3-1 | 材料の着色方法

①ドライカラーリング　②マスターバッチ　③カラードペレット

は、材料メーカーが推奨する条件で決めます。PPなどのオレフィン系材料でも、ペレット表面への水の付着や補強材・充填剤の吸湿があるため、適切な乾燥が必要です。基準として、限界水分率という吸湿レベルまで乾燥させます。

②材料乾燥の注意点

　冬期に冷たいペレットを急に暖かい成形室内に持ち込んで開封すると、結露が発生するため、あらかじめ暖かい室内に置いておくことが必須です。PA（ナイロン）のように乾燥袋で梱包された材料は、開封後予備乾燥なしに使用可能です。しかし、次の点に注意する必要があります。

　いったん開封したペレットは使い切ることが望ましく、残る場合は密閉できる清潔な金属容器に保管します。便宜的に、袋中の空気を十分に抜いてからヒートシールしたり、袋の片隅だけを斜めに切ってペレットを取り出しガムテープなどでシールしたりする方法は、防湿性が不十分なため避けるべきです。いったん吸湿したPAは黄変を防ぐために真空乾燥機で乾燥させます。

　一方、エステル結合を持つ材料の加水分解には注意が必要です。PET、PBTやPCはエステル結合を持つ材料であるため、吸湿状態（乾燥不十分）で成形を行うと加水分解を起こし、脆い成形品となります。乾燥をより効率的に行うには、除湿乾燥機を使用するとよいでしょう。成形機ホッパー内への乾燥済ペレットの投入量は、あらかじめ時間当たりの使用量を計算し、ホッパー内で長時間大気に曝されることがないようにし、多湿期は30分～1時間程度、低湿期は3～4時間程度を目安にしてください。

> **要点ノート**
> 準備された材料の乾燥は、適切に清掃された乾燥機で、適した乾燥方法で行います。これにより、吸湿した水分や溶融時に発生するガスによるさまざまな不良現象を未然に防ぐことができます。

〔1 生産性に表れる金型交換作業

外段取り作業②
次金型の予備加熱(使用する材料による)

　プラスチック成形において、成形品の品質に最も影響を与えるのは金型です。金型の温度調節は、成形材料によっては結晶化度や外観光沢、流動性の付与などさまざまな効果を期待し、使用する設備です（図3-2）。

❶使用温度

　使用する制御温度帯、つまりプラスチック材料ごとの供給媒体温の条件により機種を選定します。機種（使用する媒体・圧力）によって使用可能な温度帯は異なります。

　　○水媒体温調機〜比較的低温度帯の温調に使用

　　　（供給水温 + 10℃〜最高温度95〜180℃）

　　○油媒体温調機〜比較的高温度帯の温調に使用

　　　（60℃ or80℃、最高温度160〜320℃）

　　○チラー（冷凍機）〜低い温度帯（7〜30℃）の温調に使用

　　○冷温調機〜チラー・温調機両方の機能で、10〜95℃の範囲の温調に適合

❷予備加熱

　成形時の金型温度を作業標準書（やデータベース）で確認し、適切な機器を選択して準備します。成形機付近の指定場所や別途指定された場所で適宜、金型を指示された温度まで昇温し、金型の交換を待ちます。もしくは、段取り替え作業の効率によっては内段取り作業で昇温することも効率的です。

❸金型交換の準備

　金型交換と作業準備として、ニップル（シールテープを巻いておく）、冷却ホース（設定温度に適した）、取出機チャック板、6角レンチ、メガネレンチ（トルクレンチ）、クランプ/ボルト、アイボルト、防錆剤、金型洗浄剤、離型剤、ウエス、メジャー、水準器、銅棒、ワイヤーロープ（スリング）、エアーホース/エアーガン、作業標準書、成形条件表などを準備します。

❹100kgクラスの金型交換（外段取り）の場合

　金型移動用台車に枕木を4本設置し、次金型と生産終了金型をニップルが台車などに当たらないように慎重に作業し、台車に載せます。さらに、上記した備品を台車に載せて移動します。

図 3-2 　温調機の例

出典：松井製作所

❺ 300kg以上の大きな金型の場合

　金型移動用台車に載りきらない大きな金型の場合、各種ハンドリフターやフォークリフトで移動することになります。金型は、金属面上では滑りやすいため注意が必要です。上記の金型交換に必要な備品は、専用のツールワゴンなどに指定席化しておくと、段取り替えの時間短縮に大変役立ちます。

❻ 金型の取付け前温調

　次金型を載せる前に、次金型の昇温に必要な時間に応じて、事前に金型の昇温準備をしておきます。温調のための冷媒が漏れ出ないように、バルブや冷媒抜きの設備が必要になります。また、金型温度が100℃を超えるような場合は、断熱板を金型取付板か成形機のダイプレートに取り付けます。

❼ 金型の防錆

　金型の防錆剤は次金型を昇温する前に除去するのが望ましく、大きく分けて気化性防錆剤とワックス系防錆剤の2種類があります。

　気化性防錆剤は金型の短期防錆に適し、防錆剤の除去がきわめて容易でピン部やブッシング部からの油分のしみ出しもなく、成形品を汚しません。一方、ワックス系防錆剤は金型の中～長期防錆に適し、浸透性と水置換性があります。ピン部や複雑な形状にも均一な被膜を形成し、薄膜であるため除去は比較的容易です。月に1回程度の使用頻度であれば気化性防錆剤が使いやすいですが、外気の遮断のためキャビティ内を密閉する必要があります。

> **要点 ノート**
> 金型の予備加熱を外段取りで行う場合、場所・電源・クレーン・給排水と逆止弁付きニップルなどの準備が必要です。また、防錆剤の除去も速やかにできるように適宜、気化性防錆材などの使用も検討しましょう。

【1 生産性に表れる金型交換作業

外段取り作業③
金型温調機の準備(ヒートアップ)

❶金型温調機を選択する基準

　金型の温度調節とは、溶融樹脂から受けた熱に影響されることなく、一定の温度を保つことができる熱交換器に問われる主機能のことです。適切な金型温調機を選択する基準は次の通りです。

①金型温調（冷却）ホースの選択

　ホースは、温調機メーカーが推奨する耐熱・耐圧ホースを使用します。金型および温調機のホースニップルへ確実に装着し、ホースの抜け止めとしてホースバンドで縛るか直止めします。ホースニップル以外では、ワンタッチカプラー（プラグ／ソケット）やワンタッチ接手と言われる接手なども利用し、作業時間の削減と確実な装着を実現します。

②金型温調（冷却）回路

　回路には温調機の送媒側から媒体が流出され、望ましくは分岐することなく回路を循環し、温調機返媒側に戻るように接続します。回路のホースは材質・長さなどの仕様は統一し、劣化などがないものを使用します。

③金型温度設定

　温調機の温度設定は、プラスチック材料の特性に合わせます。一般的に、温調機の温度コントロールのために取り入れられる冷却水は25℃程度であり、30℃以下の温度設定はできません。低い温度帯用にチラーや冷温調機を使用します。金型温度の調節をカートリッジヒーターで行う場合は、熱交換器としての能力が下がるため、また温度分布の均一化を図るために油媒体を併用します。

④スケールのこびり付き

　温度設定が高い場合は、温調機のヒーターや電磁弁などに供給する水の水質によりスケールが付着し、ヒーターの破裂や配管内に堆積して断熱や流量の低下などを起こすため、定期メンテナンスが必要です。金型温調機は、温度設定・流量などにより固定・可動側、またベース・製品部・スライド部温調などに分けて使用します。

図 3-3 ポンプ性能曲線

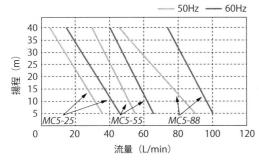

出所：松井製作所
注：金型の水管口径、ポンプの構造、性能、配管距離、温度（膨張によって流量が変わる）周囲条件などにより条件は変化する

❷金型温調機の機種選定計算例

金型冷却に必要な冷却能力はkcal/hで表されますが、算式は次の通りです。

冷却能力＝①重量／ショット×②ショット数／時間×③樹脂比熱×（④樹脂温度－⑤取出温度）×⑥総合係数となります。単位は①＝kg/shot、②＝shot/h、③＝kcal/kg℃、④＝℃、⑤＝℃、⑥＝係数（余裕：通常1.2～1.5）です。

計算例は①＝0.2 kg、②＝180shot/h、③＝0.5 kcal/kg℃、④＝250℃、⑤＝50℃、⑥＝1.5と仮定した場合、次のようになります。

冷却能力＝0.2×180×0.5×（250-50）×1.5＝5,400 kcal/h

一方、金型温度調節機の必要な流量は、流量＝①冷却能力／（②水の比重×③水の比熱×④60×⑤温度差⊿t）となり、単位は①＝kcal/h、②＝—、③＝kcal/kg℃、④＝min、⑤＝℃です。

計算例は①＝5,400 kcal/h、②＝1、③＝1 kcal/kg℃、④＝60 min、⑤＝2.5℃と仮定した場合、次の値となります。

流量＝5,400/1×1×60×2.5＝36L/min

さらに、ポンプ性能曲線から温調機を選定する場合は、流量＝36L/minで、選定例流量：36L/min、揚程：30m（ポンプ圧力：0.3 MPa）、周波数：60Hzと仮定すると、**図3-3**よりMC5-55が導き出されます。

> **要点 ノート**
> 金型温調機の選定では、金型の温度を昇温するという主機能のほかにも、溶融樹脂の流入によるキャビティ表面温度の安定化、熱交換をするための冷却水の流量が適切かどうかなど、性能を見定めることが欠かせません。

〈1 生産性に表れる金型交換作業

外段取り作業④
取出機のチャック板(ハンド)の交換準備

❶製品取り出しと金型交換の自動化

　成形品の取り出し方法には、自動落下・手動取り出し・取出機（取出ロボット）による製品取り出しがあります（図3-4）。近年、取り出し後の精密ゲートカットや印刷・組立など、さまざまな作業を取出機（ロボット）により行う省人化・安定生産が進められています。

　金型交換作業には、製品取り出し最適化のための段取り替え作業が発生します。こうした時間も標準化で短縮し、稼働率の向上や作業時間の安定化を図ります。取出機は、本体とチャック（ハンド）と呼ばれる製品をつかむ部分（吸着・クランプなど）で構成され、近頃はゲートカットのみならず作業者に代わって作業を行います。チャック板の交換作業もワンタッチ化することで標準化が図られ、取出位置の再現性向上に伴う自動化推進に寄与しています（図3-5）。

❷チャックの種類

　取出機のチャック板は、汎用の自在式と特定の製品専用のチャック板があります（図3-6、図3-7）。専用式の場合は、金型製作と同時に進めることで試作時に検証ができ、量産へのスムーズな移行が可能です。また、汎用型はスライド部や角度調整部に、コンベックスなどで目盛の貼り付けや目印を刻字することで段取り替えの際の標準化が図れます。

　チャック板の取出機への装着は、ボルトでの取り付けが一般的ですが、取出機メーカーから販売されているワンタッチ治具もシングル段取りのために使用されます。取出機チャック板には、吸盤や製品形状による吸着やクランプによるはさみ込み、箱状の受具、また圧縮エアーによる離型の補助、イオナイザーによる帯電防止などの工夫も盛り込まれます。また、チャック板を工夫した自動インサート成形も可能で、インサートの供給にはパーツフィーダーや整列機などが使用され、チャック交換と同様に段取り替えが必要になります。

❸チャック板の動作

　チャック板の動作には、チャックを動かす圧縮空気が不可欠です。圧縮空気には油分や水分が含まれることがあり、それらを除去する装置をエアー配管の

| 図 3-4 | 取出機 |

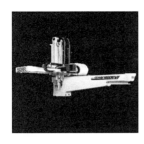

| 図 3-6 | 汎用自在式チャック板 |

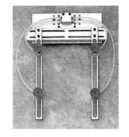

| 図 3-7 | 専用式チャック板 |

| 図 3-5 | ワンタッチ式チャック交換治具 |

出所：スター精機

　適切な場所に設置します。また、チャック板への圧縮空気の供給時にホースのつなぎ込みに緩みなどがあるとき、エアー漏れが発生して場合によっては油分や水分で汚染された圧縮空気のせいで成形品が不適合になることも考えられ、ホースの緩みや折れを事前に修正しておきます。

　吸盤の表面は傷つきやすく汚れやすいため、使用後には定期的な交換やクリーナーで洗浄を行います。成形品への吸盤跡付着を防ぐため、各種方法で吸盤表面を保護しますが、こうした表面保護材のメンテナンスも適宜行います。

　また、チャック板の保管は指定席化し、取り出しに時間がかからないように工夫します。壁や掲示板に吊るしたり、回転治具で立体的にスペース削減を行ったりするのも一案です。取り出された成形品は、待機ニッパーやチャック内ニッパーでゲートカットを行うことがあり、そのようなチャック板では、ニッパーの位置や動きに問題がないか事前に確認しておきたいところです。

> **要点ノート**
> チャックの段取りは、内段取りでの現物合わせでなく、専用チャックはワンタッチで装着できるようにし、汎用チャックは外段取りであらかじめ位置決めを実施します。そして、吸盤が清浄であることもあわせて確認しておきます。

【1 生産性に表れる金型交換作業

外段取り作業⑤
ストッカーおよびコンベアなどの交換準備

❶成形品の搬送を支える装置

　ストッカーやコンベアで成形品をストックすることにより、成形サイクルに無関係に製品の回収・梱包が可能になります（図3-8、図3-9）。ストッカーやコンベアはパレットやリブ付きのストックコンベアなどで、製品形状によっては保管場所のスペースに制限があります。チャック板の形状次第でパレットの淵と干渉することがあり、隅々まで製品を置くことは難しいようです。

　ストッカーは多くは固定式の装置で、金型交換などの段取り替え時に邪魔にならないよう、反操作側に据え付けるのが一般的です。レールなどを使用して移動し、移動後も指定位置に戻せる工夫が必要です。この際、取出機のレール延長が伴うことがあります。ストッカーは可搬重量に制限があり、パレット当たりの製品形状や重量によってパレットが多数必要になります。中には帯電防止パレットなどもあり、数種類の保管・段取りの変更が発生することも見られます。

❷成形品の除電

　コンベアは自在に移動でき、コンパクトです。箱型の静電気除去装置（イオナイザー）を端に据え付け、塵埃の付着を防ぐことが多く、除電能力（除電速度とイオンバランス）は使用時間の経過により劣化します（図3-10）。

　除電能力の劣化は、コロナ放電式が使用する電極針に起因します。電極針の摩耗と汚れから、イオン生成量の減少（除電速度の低下）およびイオンバランスの崩れが生じ、表面電位測定器で測定する保守が必要です（図3-11）。

　金型から離型した直後は、帯電しているケースが多いです。チャック板にスポットタイプのイオナイザーを装着して、製品を冷却・除電することもありますが、前述したように電極針などのメンテナンスが必要です。

❸ゲートカットのツール

　ストッカーのパレットやコンベアに成形品を整列させる前に、ゲートカットをすることが多く、ゲートカットには待機ニッパー、チャック内ニッパー、待機ヒートニッパーなどが使用されます。いずれも切れ具合の安定化のためには、事前に不具合がないかを確認すべきです（図3-12）。

第3章 生産効率を高める射出成形の着眼点

| 図 3-8 | ストッカー |

| 図 3-9 | コンベア |

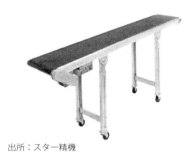

出所：スター精機

| 図 3-10 | 静電気除去装置 |

出所：春日電機

| 図 3-11 | 表面電位測定器 |

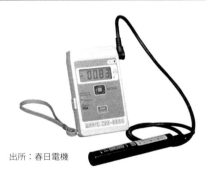

出所：春日電機

| 図 3-12 | エアー駆動のニッパー |

出所：ベッセル

> **要点 ノート**
> ストッカーとコンベアは使用前に塵埃を除去し、成形品への埃の付着がないようにすることが大切です。また、塵埃の除去を継続するためにイオナイザーを適宜取り付けると同時に、電極針の清掃を標準化することが求められます。

125

1 生産性に表れる金型交換作業

内段取り作業①
金型の交換作業

❶金型交換の確認手順

　金型の交換作業は通常、成形機の上部（縦入れ金型交換方式）よりタイバー間隔より狭い金型を差し入れ、成形機のダイプレート（プラテン）にロケートリングで金型の位置決めを行い、タップ穴にボルトで取り付けます（図3-13）。

　この際、金型の幅・高さ・厚さとロケートリングの直径、突き出し位置が成形機の仕様に合致することを確認します。成形機にとって小さ過ぎる金型は、型締めの際に不具合が生じることがあり、取り付け最小寸法を照合します。

❷金型取り付けの実作業

　金型の取り付けは、金型取付板へのボルトによる直止めや、**図3-14**に示すようなクランプでの取り付け、タップ穴だけでなくT溝プレートでの取り付けなどがあります。また、マグネットで金型を固定する方法などもあります。クランプの取り付けでは、取付板とスペーサー（下駄・枕）や、スペーサーに変わるボルトでの調整で高さが同じになるようにします。

　ボルトで金型を取り付ける場合、ねじ込み深さは呼び径の1.5倍以上となります。ボルトを締め過ぎると耐久性を損なうため、トルクレンチなどを使って標準化します。また、機械ダイプレートのタッピング穴は、金型取付板に近い位置のタッピング穴を使用します。金型取付板から遠のきスペーサーに近い場所のタップ穴を使用した場合、ボルトへの負担や力不足から金型落下につながりかねません。

　金型取り付け作業の時間短縮にはクランプ作業の機械化、つまり油圧クランプやエアークランプ、嵌合位置決め時間短縮のためのロケートリング用U字溝、ロケートリングをなくすための位置決めブロックなどの方法があります。

　図3-13に示した横入れ金型交換方式は、金型交換台車か交換台を用いて、金型を成形機の操作・反操作側から交換する方式で、金型交換の頻度や工場レイアウトにより構成を選択します。このほか、冷却ホースのつなぎ込みの自動化も行われています。たとえば型締め力650t以上の大型機の場合、事前に金型を所定の温度に昇温して搬送台車で移動後、横入れ方式で金型を挿入し、油

| 図 3-13 | 金型交換方式 |

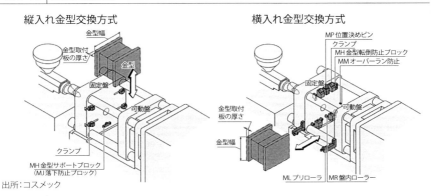

| 図 3-14 | クランプ取り付け方法 |

圧クランプで取り付けるという方法が、自動金型交換の典型例です。

❸金型交換時の付帯作業

　縦入れ金型交換方式の場合も、クレーンによる金型の挿入後、油圧クランプで取り付けることは行われています。金型交換において、保管時に塗布された防錆剤の除去は時間を要す作業の1つであり、工夫が必要になる作業です。そこで、気化性防錆剤の使用や日常のメンテナンスの工夫により、防錆剤の使用量を減らし、段取り替え時間の短縮につなげます。個々の金型の使用状態と金型仕様に照らし合わせ、防錆剤を選んで標準化することが大切です。

　縦入れ金型交換方式の場合、クレーンでの吊り上げはワイヤーロープやスリングを使用して行い、通常チェーンは使用しません。チェーンは、伸びが少なく破断の危険が高く、ワイヤーロープはキンクによる破断、スリングは摩耗などによる破断があるため、いずれも日常点検を怠ってはいけません。

> **要点 ノート**
> 金型の保守・保管・移動・取り付けは金型ごとに作業を標準化します。作業の安全と取り付け作業時間の短縮、および立ち上げ期間短縮について、工夫を凝らしてみてください。

1 生産性に表れる金型交換作業

内段取り作業②
成形機の準備

　成形機の選定基準は、一般にシリンダーから射出された溶融樹脂の圧力で金型が開かないか（型締め力）、成形品の重量に対してシリンダーの射出容量（最大射出容量）に余裕があるか、金型が取り付けられる（タイバー間隔）か、金型の厚さと製品取り出し（型開ストローク）の関係はどうか、などによります。

❶型締め力の計算方法

　型締め工程には、高速型締め→低速低圧型締め→高圧型締めというように段階があります。高圧型締めで必要な型締め力が発生していない場合は、成形品へのバリや、金型が壊れるようなバリが発生する可能性があると言われています。

　必要な型締力は、次の式により求められます。

$$型締め力 F（kN）≧ A（cm^2）× P（MPa）$$

F：型締め力

A：成形品の投影面積＋ランナーの投影面積

P：キャビティ内の単位面積当たりの平均圧力

　P：キャビティ内圧力

　　　低溶融粘度樹脂　　PP・PE　　　：20〜40 MPa
　　　中溶融粘度樹脂　　ABS・POM　：40〜60 MPa
　　　高溶融粘度樹脂　　PC・PMMA：60 MPa以上

　通常、型締め力の設定に際しては、計算値より10〜20％程度高めにすることが多いです。高過ぎる値に設定すると、ガスベントの効果が損なわれるほか、ガスの排気が間に合わず断熱圧縮による焼けや充填不足が発生し、不良現象の原因となることがあります。

❷射出量（計量値）

　通常、計量値は最大射出容量の30〜70％程度が適切ですが、精密成形では50％程度と言われています。計量値が少ないと、充填量のバラツキや滞留時間の過大による焼け、溶融粘度の低下によるバリ、樹脂物性の劣化などが発生します。一方で多過ぎると、計量開始時と計量終了時のスクリュー供給部への樹

| 図 3-15 | 横型射出成形機 | | 図 3-16 | 縦型射出成形機 |

出所：日精樹脂工業

出所：東洋機械金属

脂の落下位置が大きく異なり、プラスチック材料への予熱のバラツキから混練具合に違いが生じ、色ムラや成形品品質に影響を与えます。

❸タイバー間隔

タイバーはダイプレートを支え、かつ金型の開閉動作を案内し、また型締め中は型締め力を受け止める4本の支柱のことです。タイバー間の内側寸法のことをタイバー間隔と呼び、水平(H)・垂直(V)各方向の寸法で表します。

❹横型／縦型射出成形機

構造の違いによる成形機の選択基準として、通常成形品とインサート成形品があります。図3-15、図3-16に示すように、射出成形機の構造は横型成形機と縦型成形機に大別されます。一般には横型成形機が普及していますが、用途や設置の条件により縦型成形機も多く使われています。

横型射出成形機の特徴は、成形品の自動落下が可能で、動作も比較的速い点です。大きな成形品への対応が容易で、金型も取り付けやすい長所があります。一方、縦型射出成形機はインサートの脱落の心配がなく、インサート成形が容易にでき、床面積を小さく抑えられる利点を持っています。またテーブルを回転し、必要なステージ数を任意に設定することができ、下型ごとに異なった成形条件を設定することが可能な機種もあります。

要点 ノート

射出成形機において、「大は小を兼ねる」ことはありません。大きい機械ではシリンダーが大き過ぎて計量が少なくなり、射出のコントロールが難しく、材料の滞留時間が長くなりがちです。小型サイズの金型だと装着できません。

【1】 生産性に表れる金型交換作業

内段取り作業③
材料の交換

❶材料交換時の注意事項

　材料の交換は、段取り替え行程の中でも技術・技能の必要な作業です。いかに短時間で色替え、材料替えができるか、また炭化物を取り除くことができるかは、品質安定と生産コスト削減に大きな役割を担っています。

　一般にシリンダー内のプラスチック材料は、溶融のための化学的・物理的環境の条件下に曝され、分子量低下や変色などの劣化が起きています。特にスクリューヘッド、逆流防止リング、シールリングの3点セット部は、単純な形状であるスクリューとは異なり、形状が複雑で材料が滞留しやすく、次材料に置き替える際に容易に次材料に置き替わらないということです。その結果、材料の劣化（炭化）が起き、さらには炭化物の堆積が生じます。堆積は、異物・黒点不良が発生する原因になります。これは、流路の複雑なホットランナー仕様の金型でも同様で、滞留部では炭化物の堆積が起こります。

❷材料替え手順

　一般的な材料替え手順としては、前材料を回転パージでシリンダーから排出し、次に計量パージで次材料に置き換えます。まず材料タンク、ホッパードライヤー、ホッパーローダーやホッパー内を吸引と拭き取りで掃除し、前材料が残っていないかを確認します。そして、次の通り進めます。

①回転パージ

　ノズルを後退させ、スクリュー位置は最前進位置とし、背圧を上げてスクリューを回転させ、スクリューがわずかに後退する程度の背圧をかけます。ノズルから次材料やパージ材が排出されてきたことを確認し、徐々に回転数を上げます。次材料やパージ材の汚れがなくなるまで、目視で変化を確認します。

②計量パージ

　背圧を下げてスクリューを回転させ、ノズルから次材料やパージ材がわずかに排出されてスクリューが後退することを確認し、射出速度を徐々に上げて射出・計量を繰り返します。計量パージでは、3点セットが前後に動くように寸動も行い、材料やパージ材の汚れがなくなり洗浄が完了したら、パージ材の場合はホッパーや供給ラインに残存しないように十分清掃します。

130

第3章 生産効率を高める射出成形の着眼点

表 3-1 | 材料替えと使用材料

材料切替内容	使用材料
同一材料の淡色から濃色への切替	次材料
同一材料の濃色から淡色への切替	パージ材
高粘度の材料から低粘度材料への切替	パージ材
低粘度の材料から高粘度材料への切替	次材料
高温度の材料から低温度材料への切替	パージ材
低温度の材料から高温度材料への切替	パージ材
POMからPCへの切替	パージ材→PC
ABSからPC（高粘度材料）への切替	PC
ABSからPPへの切替	パージ材
PPからABSへの切替	ABS
PPSから低温度材料への切替	PC→パージ材
シリンダースクリューの清掃	高洗浄パージ材→パージ材→次材料
難燃剤入り材料から同色材料への切替	パージ材→同色材料

③次材料の投入

必ずパージ材が残っていないことを確認してから、成形材料（次材料）を投入します。回転パージでシリンダー内からパージ材を完全に排出し、成形を開始します。パージ材を使用する場合、高洗浄性のパージ材はシリンダー内に残留しやすいため、その後に汎用グレードで洗浄して次材料を投入します。

材料の組合せによるパージ例を**表3-1**に記します。

❸具体的なトラブル対策

ホットランナー内の滞留部に材料が残り、炭化物が発生することがあります。ただし、滞留部の材料替えは困難な場合が多く、ホットランナー選択時に十分検討することが必要です。ホットランナー内の単純な色替えや材料替えは、ノズルタッチし金型を開いた状態で、射出・計量を繰り返して洗浄します。溶融材料の飛び散りやキャビティへの溶融材料での汚れについては、特に注意が必要です。

材料替えのパージ作業には、市販のパージ材を使用する場合や、高粘度（MFRの低い）の高密度ポリエチレン（HDPE）で前材料をパージします。HDPEは比較的溶融粘度に対する温度依存性が低く、高温度でも粘度の低下が少なく安価なため、よく使用されています。

> **要点 ノート**
>
> 材料の交換は、それぞれの材料の熱分解温度の理解と、次材料が高粘度な状態であることが条件となります。また、同じ色の材料への交換は、次材料の前に目印となる材料を投入し、材料が置き換わったことを確認します。

1 生産性に表れる金型交換作業

内段取り作業④
付帯設備の交換

❶2次加工の内段取り化

　射出成形の作業の中で、射出成形機以外の設備を付帯設備と呼びます。一般的には射出成形機の周辺に配置されています。専用設備であり、乾燥・2次加工・スタッキングなどが行われるものです。

　据え付け後、動作確認のドライサイクルの後、成形作業が開始できるように外段取りで準備しておくことが大切です。付帯設備の内段取りとしては、次のような事項が相当します。

　　◇取出機チャック板の交換とティーチング／◇自動ゲートカット機のレイアウト変更／◇コンベア・ストッカーのレイアウト変更／◇温調機・チラーなどの冷却回路のつなぎ込み／◇材料供給ライン（ホッパーローダー）のつなぎ込み／◇専用自動機・2次加工機などのレイアウト／◇ホットランナー用温調機のつなぎ込み／◇監視カメラのレイアウト／◇各種成形法ごとの金型や成形機へのつなぎ込み／◇その他

以上のようなことが、金型交換のたびに行われるのです。

❷標準化の視点

　したがって、いかにこうした作業を特別な判断を必要とせず、誰もが容易に早く行えるように標準化するかが、段取り替え時間の削減に直結します。一例として、そのアプローチを次に記します。

　チャック板の取り換えにはワンタッチ式チャック交換治具での交換、もしくはチャック板の位置が繰り返し同じ位置になるようにノックピンなどで位置決めを行います。ティーチングは作業標準書にパラメーターを記入するか、取出機制御盤内のメモリーに動作状態を記録します。金型交換でも、金型が水平に取り付くかどうかの工夫は必要です。

　　○待機ニッパーの角度調整・位置調整は、再現性が高くなるように目盛りなどで数値化する（**図3-17、図3-18**）

　　○ストッカーのパレットは可能な限り標準化し、特別な大きさのものは使用しない

　　○冷却ホースのつなぎ込みは回路の分岐を避け、マニホールドを使用した回

| 図 3-17 | 待機ニッパー |

| 図 3-18 | 待機ニッパーの目盛り |

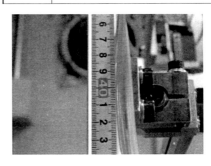

| 図 3-19 | ワンタッチカプラー |

出所：日東工器

| 図 3-20 | 接手 |

出所：日本ピスコ

路ごとの冷却とし、ワンタッチカプラーなどを使ってつなぎ込み時間を短縮する（図3-19、図3-20）
○材料供給ライン（ホッパーローダー）のつなぎ込みは外段取りで実施。外段取りであらかじめ準備し、調整は標準化する
○床に位置決めポイントをつくり、精度向上と時間短縮を行う
○ホットランナー用温調機へのつなぎ込みをなくし、可能な限り成形機からのつなぎ込みとする。熱電対の種類に注意する
○監視カメラを使用しなくてもよい生産方法に改善する
○各種成形法ごとの金型や成形機へのつなぎ込みも同様に、ワンタッチ化（標準化）する
○治具・工具・検査具などを準備する

要点　ノート

段取り替えは、特別な判断を必要としないように、方法（位置決め・つなぎ込み・ティーチングなど）を標準化すること進めます。内段取り時間の短縮や省人化ができるように工夫することが大切です。

⟨2⟩ 成形トラブルと対策

射出成形に必要な生産技術

　射出成形に必要な生産技術とは、プラスチック材料を加熱溶融して金型内に圧入した後、冷却固化させた成形品を取り出すまでの工程で、材料・成形機・周辺機器・金型などに最適な条件を与える技術のことです。

❶材料

　プラスチック材料は、熱可塑性樹脂と熱硬化性樹脂に大別されます。多くの場合、熱可塑性樹脂が使用されており、本項においては熱可塑性樹脂での成形加工を前提に解説します。

　プラスチック材料は、概ね**表3-2**に示すように分類されます。また、プラスチックの性質で見た場合、5つに分類することが可能です。

　　○物理的性質（密度、吸湿性、透明性、屈折率など）

　　○機械的性質（剛性、強度、摺動性、クリープ性、耐光性など）

　　○熱的性質　（熱変形温度、線膨張係数、燃焼性など）

　　○化学的性質（耐薬品性、耐有機溶剤性、耐候性など）

　　○電気的性質（絶縁性、導電性、耐アーク性など）

　このほか、耐熱温度によるプラスチック材料の分類があり、次のような区分けとなっています（材料名称は一般的な呼び方）。

　　○耐熱温度100℃以下　　：汎用プラスチック

　　○耐熱温度100～150℃：汎用エンプラ

　　○耐熱温度150℃以上　　：スーパーエンプラ

❷成形機

　射出成形機では、プラスチック材料を加熱溶融して金型内に圧入します。加熱溶融部には、インラインスクリュー式とスクリュープリプラ式があり、射出成形機メーカーの多くはインラインスクリュー式を採用しています。

　射出成形機の構造には横型と縦型があり、成形する製品により選択します。また、射出成形機には電動式と油圧式があり、近年は省力化や制御応答性の速さなどから電動式に移行してきています。電動機の動きはサーボモーターの回転運動を、ボールねじを介して直線運動に変換し、油圧機の動きを再現しているものです。また、射出圧力や背圧は油圧機の動きを模して再現したもので、

134

名　称	特　徴
結晶性樹脂	結晶部と非晶部から構成されている
	結晶化度は30〜80wt%程度
	結晶化度が高いと密度が高くなり、収縮は大きくなる
	結晶性樹脂は固化すると一般に不透明
	耐薬品性・溶剤性は非晶性樹脂に比較してよい
非晶性樹脂	結晶構造を持たない
	結晶性樹脂に比較して体積収縮率は小さい
	光を通し、透明性を有する樹脂が多い
	結晶性樹脂に比較して耐溶剤性に劣るが、接着性・塗装性・印刷性に優れる
液晶性樹脂	分子鎖が強く、溶融時に分子鎖の絡み合いが少ない
	溶融状態でも一方向に配向する
	流動性が良く、固化速度も速い

油圧式とは基本的に動作が異なっています。

❸金型

　金型は熱交換器です。金型のあらゆる部分で溶融樹脂の冷却速度が均一になるような冷却方法を設定し、多数個取りでの同時充填や適切なガスベントの配置が重要になります。製品設計と金型設計が不良発生要因の大部分を占め、上記以外にも材料特性を考慮しつつ突き出し方法と冷却方法を鑑み、耐久性のある金型につくり上げるかが成形技術者の腕の見せどころとなります。

　金型鋼材は、切削性・表面硬度・腐食性・鏡面性など必要な特性に合わせて選びます。製品の要求特性からプラスチック材料が選ばれ、次に材料特性に合わせて鋼材を選ぶという順序になり、腐食性のガスが多い材料の場合は、耐蝕性の高い鋼材を選ぶことになります。

　一方、金型の冷却と突き出し位置の関係も重要な検討要素で、均一な冷却回路を考えれば突き出しピンの干渉が起こりがちです。反面、離型性を優先すると、冷却が不均一になるなどが起こります。解決策として、熱伝導性の良い金型材料を適宜使用します。

要点 ノート

バラツキのない材料と耐久性・精度の高い金型、動作の繰り返し精度が高く速度なコントロールが確実に行える成形機に加え、これらを自在に動かすことができる成形技能が何より肝心です。

【2 成形トラブルと対策

成形不良現象はどの工程で発生するのか

❶材料の視点からトラブルを防ぐ

　射出成形の成形プロセスで、材料は「溶かされる→流される→冷やされる」の順で加工されていきます。射出成形では、そのような材料の気持ちになって考えることが、トラブルの芽を摘む最大の要因と言われています。

　プラスチック材料が、成形品に変わるまでのプロセスは、使用材料の乾燥機への供給、ホッパーへの材料移送、ホッパーからシリンダーへの供給やスクリュー供給部での予熱、圧縮部での混錬溶融、計量部での滞留までの過程で空気やガスを押し出し、ノズル・スプルー・ランナー・ゲートからキャビティへと充填します。充填後に発生する、成形収縮による体積変動に見合った量の溶融樹脂をさらに供給し、寸法や変形量を安定させて取り出しが可能な状態になるまでキャビティ内で冷却し、成形品として取り出されます（**表**3-3）。

❷製造プロセスと不良現象

①乾かす

　プラスチック材料は、一般的に溶かす前に適切な方法で乾燥し、銀条による外観不具合や加水分解による物性低下を防ぎます。乾燥が不要な吸湿性のない材料の場合でも、保管状態などの取り扱い方によりペレット表面への吸着水があり、不良現象を発生することがあります。

②溶かす

　プラスチック材料ごとに、必要な溶かすための条件があります。バンドヒーターによる外部からの加熱と、スクリューの回転によるせん断発熱で、金型キャビティへの充填に必要な溶融粘度と流動状態、材料の均質性を与えます。可塑化工程では、溶かすだけでなく成形品に必要なだけの材料の計量が同時に行われ、計量がばらつくと寸法精度やひけ・バリなど充填量に関わる不良が発生します。

③流す

　金型キャビティ内に成形機のスクリューやプランジャに圧力をかけ、溶融樹脂を充填します。その際の充填の方法（プログラム制御）により、さまざまな外観不具合が発生します。光沢や表面形状の転写などの外観は、射出速度で調

表 3-3　プラスチック成形品の製造プロセスと不良現象

乾かす		溶かす		流す		流す		固める		固める		取り出す	
調質		溶融		流動		充填		固化				離型	
脱湿		可塑化		射出		保圧		冷却				突き出し	
現象	原因	現象	原因	現象	原因	現象	原因	現象	原因	現象	原因	現象	原因
銀条	乾燥条件	銀条	空気巻込・脱気	銀条	空気巻込	寸法	保圧力	寸法	時間				
異物混入	配管内・投入時	黄変	滞留・回転数	フローマーク	速度切替	フローマーク	VP切替						
	樹脂粉・埃	ウェルドマーク	温度	ウェルドマーク	速度切替			ウェルドマーク	金型温度				
黄変色ムラ	乾燥条件	色ムラ	混練	ジェッティング	ゲート仕様	そり・変形	保圧力	そり・変形	冷却方法				
		ジェッティング	スウェル比	ジェッティング	速度切替			ジェッティング	金型温度				
加水分解	乾燥条件	充填不足	計量値	充填不足	速度切替	充填不足	VP切替						
			バックフロー			充填不足	ガスベント					真空	真空破壊
			温度			白化・膨れ	VP切替	白化・膨れ	時間			白化・膨れ	キャビティ表面
気泡	乾燥条件	焼け・黒条	空転・滞留	焼け	速度切替	焼け	ガスベント	結露・発泡	時間				
		気泡	脱気			気泡	保圧力						
		糸引き	温度	ひけ	速度切替	ひけ	保圧力	ひけ	金型温度				
		光沢不良	温度	光沢不足	速度切替	光沢不足	保圧力	光沢不足	金型温度				
		転写不良	温度	転写不足	速度切替	転写不足	金型温度	転写不足	時間				
		黒点	滞留・樹脂粉			キズ	保圧力	キズ	時間			キズ	キャビティ表面
剥離	異材混入	剥離	異材混入	剥離	速度切替	クレージング	保圧力	クレージング	金型温度			クレージング	キャビティ表面
		バリ	滞留	バリ	速度切替	バリ	VP切替						
						離型不良	VP切替	離型不良	時間			離型不良	キャビティ表面
						ゲート残り	保圧力					離型不良	ノズルタッチ

整されます。寸法や変形などは保圧の設定で調整されます。

④固める

　溶融樹脂が金型に充填されたときから溶融樹脂の冷却は始まっており、キャビティ形状に賦形され冷却過程で収縮が起こるため、成形機の保圧力で収縮に見合った溶融樹脂をゲートが冷えて固まる（ゲートシール時間）まで補償しながら、キャビティ内で冷却します。この過程でも寸法や変形を調整します。金型温度の設定から取り出し後の収縮が発生し、寸法不具合が発生することもあります。

⑤取り出す

　金型設計の段階で、成形品に抜き勾配を設定し、摺りキズや固定側への残留を防ぐ設計を行い、突き出しピンなどの力で可動側から突き出すのが基本です。不用意に落下させると打痕キズや摺りキズ、変形などの不具合となるため、取出機による安定した取り出しを行います。チャック板の吸盤などのメンテナンスなしでは、吸盤跡が製品表面について不具合となります。

要点　ノート

射出成形における不良現象の発生工程は、プラスチック材料の特性の理解と機械での射出速度での外観品質、保圧での寸法という製造プロセスを理解するところから始まります。

【2 成形トラブルと対策

不適合品を未然に防ぐ方策

❶不良発生のメカニズムを身につける

　プラスチック製品を製造する上での要素技術として、プラスチック材料や成形品設計技術、金型設計・製作技術、成形機および周辺機器への基本的な知識と、それらの管理技術が必要とされます。また成形条件を設定する基本的な方法と、成形不良が発生したときの解決のための取り組み方は、成形不良が発生するメカニズムの理解（製造プロセスの理解）、つまり原理・原則を知り、成形不良を未然に防ぐ成形技術を身につけることが欠かせません。

　成形不良とは、外観や寸法、物性などにおいて設計者の狙いの品質（製品仕様）と違うものを言い、その発生メカニズムは1つの要因によるものではなく、多くの要因が複雑に絡み合ったものです。その要因とは、前述したように成形材料や金型、成形機、成形条件、製品設計、管理などです。

❷設計・企画段階が重要

　図3-21に示すように、成形品に占める重要要素として製品設計や材料選定の占める割合が高く、したがって金型が完成してからの成形条件による不良対策は大変難しいものです。そこで、射出成形品の製造プロセスをまず理解し、射出成形の特徴とも言える成形時の溶融樹脂の温度変動やキャビティ内での充填挙動を知り、プラスチック材料の成形特性がどう関与しているかを理解することが大切です。それにより、成形品不具合の「不良現象」を理解し、見極める知識と経験が身につくのです。

　不良発生のメカニズムを理解した上で、成形品や金型の設計に事前対策として反映します。製品設計・製品企画などでは、成形条件で可能な調整の範囲を理解することにより、設計・金型製作・生産時に不具合発生の要素が含まれない製品企画・設計・製造方法を計画しなければなりません。

　製品設計では、極端に肉厚の変化があると、厚肉部・薄肉部での冷却速度の違いからそりや変形が生じたり、リブやボスの表面側では外観に光沢の変化やひけなど解決し難い不良が発生したりします。これらは、成形条件やゲート位置の変更で簡単に対処できる問題ではありません。製品形状も、縦横寸法や穴位置・大きさなどにより充填が困難になり、多様な不具合が発生します。離型

138

図 3-21　成形品に占める重要要素割合

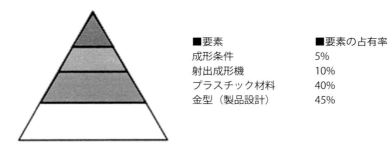

に制限が多いと無理や偏りがあり、不具合の発生があります。また、コーナー部のRや形状によっては離型時に不具合が生じることも少なくないです。

❸成形性を確保する勘どころ

金型は、溶融した樹脂からいかに適切な冷却速度で熱を奪うか、製品形状に対して同時に充填が完了するようにランナーやゲートのレイアウトができるか、キャビティの空気や溶融樹脂から発生するガスをスムーズに排出できるかなどにより、善し悪しが決まります。

プラスチック材料では、成形時の流動性や製品となってからの使用環境への耐性を考慮します。成形時の流れやすさは、成形性という指標に表れます。成形性が良い材料は、成形品の大きさや肉厚に対して対応しやすく、無理な成形を必要としないため残留応力の発生やそり、変形の発生が少なく、狙いの品質が得られやすいことになります。

成形機では、製品形状やプラスチック材料に適した型締め力、射出容量、シリンダー温度の安定性、射出速度や動作の繰り返し精度などを考慮し、選択することになります。一方、成形条件の設定は成形機に左右されるところが大きく、製品の形状によっては、射出・保圧・可塑化のプログラム制御による最適な条件を設定することになります。中でも射出速度は、機械仕様の中でも大きな特徴の1つであるため、成形機の選択の中でも考慮が必要なパラメータです。

> **要点　ノート**
>
> 製品設計と金型設計、および材料の選定で概ね生産性が決まると言っても過言ではありません。成形条件での不適合がなくても、想定通りの成形サイクルで生産ができないということが起こり得ます。

【2 成形トラブルと対策

具体策①
外観不良対策

❶射出速度に注意

　外観不良と言われる現象は、人によって解釈の違いはあるものの、おおよそ20程度あると数えられている。

　表3-4に示すように、射出速度の外観への影響は大きいと言えます。射出成形の製造プロセスである「溶かす→流す→固める」から、プラスチックの成形加工に温度は必須で、直接外部から与えられるものと、材料の動きを受けた摩擦による発熱があります。発熱は、スクリューの回転やノズル通過、ゲート通過など射出時の流動抵抗による摩擦熱と、発生ガスや残留空気による断熱圧縮という発熱に分けられます。

　これらへの対策には、射出成形機のプログラム制御と、ショートショット法による流れの可視化を行うことが大変重要です。つまり、溶かした材料を冷えないうちに必要なところまで運んで材料を充填する、射出率という指標になります。射出率とはg/秒で表され、溶融樹脂が1秒間に何g射出されるかという値です。射出速度の値であるスクリューの移動速度mm/秒とは異なります。

❷ガスの影響を抑える策

　ゲートランドの通過からキャビティに充填されるときや、同様に薄肉から厚肉への肉厚が変化するときに、溶融樹脂内の圧力が解放されてガスが発生します。したがって、そのような溶融樹脂内の圧力変化がある場所で、ガス起因の外観不良が発生します。対策としては、射出速度（射出率）を下げることでガスの発生を抑え、影響を少なくすることができます。

　流動抵抗が大きくなる充填終了間際などは、射出速度を高く設定しているとガスの排気がしづらい状態になります。それにもかかわらず、無理やり充填すると断熱圧縮による焼けにより、白化したり黒く炭化したりします。他の射出速度の影響として、内部応力の発生によるクレージングやクラックにもつながります。

❸ショートショット法による樹脂流動の可視化

　ショートショット法による樹脂流動の可視化は、射出速度の切替位置の見える化と同義で、ゲート通過時の速度の切替位置やウェルド位置の変更、開合角

140

表 3-4 不良現象と不良原因

現象名	不良起因	成形・金型条件			
フローマーク、ウェルドマーク、ジェッティング	流れ	射出速度	金型温度	樹脂温度	
銀状、気泡、ボイド、くもり、テカリ	ガス	射出速度	可塑化	樹脂温度	乾燥温度
ひけ、そり、変形	冷却速度	射出速度	金型温度	製品肉厚	
表面光沢、テカリ	転写	射出速度	金型温度	保圧力	
ショートショット、バリ	充填	射出速度	金型温度	製品肉厚	ガスベント
焼け、異物混入、異材混入、剥離	異物	射出速度	可塑化	材料替え	ガスベント
割れ、クレージング、白化	内部応力	射出速度	金型温度	保圧力	

図 3-22 ショートショット法による計量の設定およびクッション量の調整

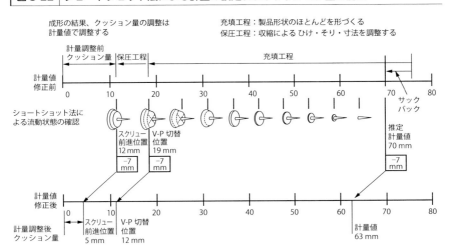

度の確認変更のための速度切替に役立つこともあります（図3-22）。

　最終充填時の断熱圧縮による焼けや、充填不足のための射出速度の切替位置の確認にも、ショートショット法は役立ちます。肉厚の変化による先回り現象やリブ・ボスへの充填状態などへの射出速度と切り替えの関係が可視化できるなど、不良現象の対策になくてはならない成形法です。

要点 ノート

射出速度により外観品質は左右されます。溶かす→流すからキャビティ内で流動が止まるまでに、速度の変化でガスをコントロールし、冷える前に打ち込むことを推奨します。

【2 成形トラブルと対策

具体策②
寸法不良対策

❶キャビティの寸法設定における特徴

　寸法不良対策は、前述したように保圧力と冷却方法による収縮量のコントロールが非常に重要です。収縮には、キャビティ内での樹脂の挙動から、プラスチック材料自体の配向（等方性・異方性）を考慮することが重視されます。

　キャビティの寸法設定は、配向やプラスチック材料の収縮率、さらにそれをコントロールする成形条件を想定して構成しています。キャビティを調整しての寸法調整は、成形性や工程能力指数を測ることで量産成形条件を決定した後も、キャビティを切削する修正が可能な金型構造としておくのが何より肝心です。金型キャビティへの溶接などによる肉盛りでの寸法修正は、ひずみの発生やエッチングでのシボ加工でシボ目が揃わないことにもなり、望ましくありません。

　射出成形でキャビティ内の溶融樹脂の冷却速度は、重要な要素の1つに考えられます。製品の離型時に応力がかかると形状にも影響するため、金型設計の際には冷却配管の補助として熱伝導の良い金型材料やヒートシンク、ガスベントなども検討しましょう。金型構造は可能な限り入れ子構造とし、成形品寸法の調整やガスベント、摩耗などに対応しやすい構造にすべきです。

❷樹脂密度を維持するためのゲートシール時間

　寸法に関しては、保圧工程と冷却工程の成形条件が重視されます。保圧工程ではゲートシール時間を測定し、時間内にいかに必要な保圧力を与えられるかと、離型後の収縮の影響を受けない製品取り出し温度を見極めるかが重要です。

　一方、ゲートシール時間は**図3-23**に示すように、保圧時間を増やしていくと成形品の質量が一定になり、以後は保圧時間を増やしても質量が増加しない時間のことを言います。保圧時間の設定は、この射出保圧時間より少し長い時間を設定値とします。

　またゲートシール時間は、ゲート部の樹脂が固化して溶融樹脂が流動を停止する時間のことです。ゲートシールする前に保圧を止めると、キャビティの内圧によって溶融樹脂がシールしていないゲートから逆流し、成形品の充填密度

142

図 3-23　保圧時間と成形品質量の関係

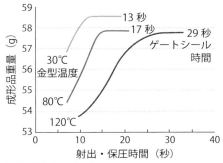

出所：ポリプラスチックス

が低下するため寸法や物性のバラツキが大きくなるほか、そりやひけなどの発生原因になることが多くあります。

❸ その他の手段

ほかに、寸法不良対策として、適切な収縮率の設定があります。非晶性樹脂と結晶性樹脂では、はるかに結晶性樹脂の方が収縮率が大きく、かつ製品取り出し後も結晶化度によっては経時的に収縮が進み、場合によっては寸法が小さいという不具合を招くことがあります。

結晶化度の調整には、適切な金型温度の設定が重要になります。金型温度の設定は、成形品の使用・保管環境温度より高い金型温度で成形します。つまり、成形時点で結晶化度を上げておき、後収縮が起こらない（結晶化が進まない）ようにしておくことが大切です。

吸水による寸法の変化として、非強化のポリアミド（ナイロン）6や66は、吸湿性の高いプラスチック材料であるため、吸水によって機械的性質の変化とともに寸法変化が生じます。しかし、吸湿現象を理解して適切な処理を行うことで、精度の高い成形品を得ることができます。一般に成形品を大気中に放置しておくと約2.5％程度吸水し、水中に放置すると約8％程度吸水します。ある程度吸水した後は、寸法変化が少なくなり安定します。強制的に吸水させ、寸法を安定する処理をポリアミドの調質（アニールではなく）と言います。

> **要点　ノート**
>
> 成形品の寸法は、収縮率のコントロールをどのように行うかがポイントになります。溶融樹脂の配向や異方性を考慮し、樹脂の流し方や流して充填した後の樹脂密度の維持のため、ゲートシール時間を把握することは大変重要です。

【2 成形トラブルと対策

成形不良対策のための
レオロジー

❶粘弾性という特性を改めて考える

レオロジーは、「物質の変形（Deformation）と流動（Flow）に関する科学」と言われています。プラスチック流体は、粘度が流れのせん断速度に依存する非ニュートン流体であり、せん断ひずみ速度と応力の関係が非線形を示し、ひずみ速度に依存します（**図3-24**）。

成形不良とは、外観不良と寸法不良、特性不良に分けることができます。言い換えると、設計者が設計した狙いの品質（外観や形状）とは異なるもの、形状は踏襲しても物性が期待に伴っていなかったもののことです。

プラスチック成形加工のプロセスは、材料を加熱溶融して流動性を与え、加圧してキャビティの形状に賦形させ、熱を奪い固めて射出成形品とします。しかし、プラスチックには粘弾性という特性があります。粘弾性材料とは、流体としての性質と固体としての性質の両方を併せ持つ材料のことです。粘弾性材料は、高温で流体としての性質を示す状態でも固体としての性質を持ち、低温で固体としての性質を示す状態のときでも流体としての性質を持つ材料です。この点は金属材料と異なります。プラスチック成形加工のレオロジー的表現では、材料に流動性を与える工程を「溶かす」ではなく、「流す」という言葉を用いています。

❷成形条件の設定

こうした特性を踏まえ、成形条件を設定する際の4つの注意点を紹介します。

①加熱時の注意点

低過ぎる樹脂温度による、溶融粘度の高さがもたらす流動時のせん断応力により、内部応力や配向、異方性、転写不良、ひけの発生が考えられます。一方、高過ぎる樹脂温度による、溶融粘度の低さがもたらすレオロジーの影響は少なく、樹脂の劣化やガスの発生、金型状態によるバリの発生が考えられます。

②射出時の注意点

低過ぎる射出速度は流動時に樹脂温度の低下が速く、上記の低過ぎる温度の

図 3-24 ポリプロピレンの溶融せん断粘度挙動（温度変化）

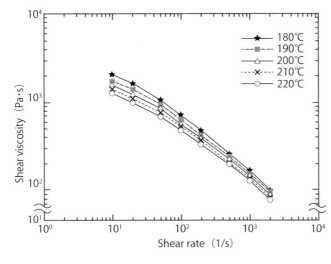

出所：山形大学大学院理工学研究科伊藤浩志准教授、「プラスチック成形加工における溶融材料挙動のモデリング」

ような傾向を示すのと、先回りによる充填不足やウェルド部の強度不足が発生します。一方、速過ぎる射出速度はせん断速度の速さを意味し、せん断発熱と流動速度の向上の効果もあって、上記の高過ぎる温度のような傾向を示します。

③保圧時の注意点

短過ぎる保圧時間は、溶融樹脂のゲートからの逆流やキャビティ表面の転写不足、ひけなどが発生します。一方、長過ぎる保圧時間はゲート近傍への内部応力の集中による衝撃強度の低下、ゲートの折れ・割れなどが発生します。

④冷却時の注意点

冷却時間は、成形品を取り出せる時間を基本としますが、保圧までに生じた内部応力の緩和の時間でもあります。冷却温度は、上記レオロジー特性の緩和に供する成形条件と考えます。温度は可能な限り高く設定することで、キャビティ表面の冷却状態と溶融樹脂のせん断流動との界面の応力が低くなる結果、レオロジー特性による成形の難しさが緩和されるのです。

> **要点 ノート**
>
> 射出成形の成形条件は、見えないところで起きている材料の粘弾性という性格を理解し、与えた条件と結果として現れた成形機のモニター値を確認して、適切な樹脂の流動性（射出率とその結果の樹脂温度）を得ることです。

【3 工程管理のポイント

プラスチック成形での工程管理

❶品質パトロールの実務

　モノづくりにおいて、品質は工程でつくられると言われています。プラスチック成形品の生産でも、この考え方は同じです。そのため、生産工程で変化がないかを常に注意しなければなりません。その確認作業は一般的に「品質パトロール」と呼ばれています。品質パトロールは、一定時間ごとに量産中の製品の1ショットの採取と同時に、その時点の成形機の状態（代替データとして成形条件の変化確認）、採取した成形品外観、寸法、単重を確認し、異常がないかを確認する作業です。

　もし何らかの項目に異常があれば、必要に応じて成形作業を中断し、修正に当たらなければなりません。すでに成形されている製品は、異常発見前の成形品で異常がないことを前提に、前回のパトロールから今回のパトロールまでの間で問題となった内容について確認を行わなければなりません。その後の成形作業の継続は、その結果によって判断しなければならないことになります。

❷工程管理での確認事項

①成形条件の確認

　量産開始時点で成形条件を設定し、生産が始まりますが、シリンダー温度や金型温度、射出圧力、保圧、型締め力、射出速度などの条件は時間とともに変化します。これらの条件が変化することにより、樹脂の粘度が変わります。そのため、一定時間ごとに設定条件と実際条件を確認してその差を把握し、条件設定時に確認した条件幅に入っているかをチェックします（**表3-5**）。もし、外れている場合は条件の再調整が必要です。

②外観の確認

　成形品の量産条件を設定する段階で、最初の項目は外観品質です（**表3-6**）。それが不十分な場合は、他の項目の設定はできません。そのような経過で決定された外観品質が当然、量産過程で維持されていなければなりません。そのため、外観検査を行う場合は手元に限度見本などを置いておくべきです。

③寸法の確認

　品質管理において、寸法の管理は重要事項です（**表3-7**）。そのため、工程

第3章 生産効率を高める射出成形の着眼点

表 3-5 工程管理検査表での成形条件の確認

項目	設定条件	良品範囲	実設定値	項目	設定条件	良品範囲	実設定値
射出圧力				シリンダー温度			
射出速度				計量値			
V-P切替				冷却時間			
クッション量				型締め圧力			

表 3-6 工程管理検査表での外観確認（製品で問題となる項目を記載）

項目	有無	発生箇所	判定
ひけ			
充填不足			
バリ			
異物			

表 3-7 工程管理検査表での寸法確認（図面の重要な箇所を測定）

	図面寸法と公差	実測値	判定
A	123 ± 0.2		
B	456 ± 0.1		
C	789 ± 0.3		

表 3-8 工程管理検査表での単重確認

良品単重と範囲	実単重	判定
A ± 0.1	B	

管理においても測定は必ず行わなければなりません。プラスチック成形では、取り出し後の冷却過程でさらに収縮するため、すぐには測定できません。寸法測定は、一定条件下で一定時間放置して測定します。そのためには、成形後の放置時間と寸法変化の関係について、試作段階でのデータ取得が不可欠です。

④単重の確認

　プラスチックは熱による寸法変化が大きく、成形直後の寸法測定はできませんが、単重の測定は可能です。そのため、成形品の量産条件設定段階（最初の試作）で、良品の範囲（外観・寸法）とされたサンプルの単重を測定し、確認しておかなければなりません（**表3-8**）。成形品に何らかの不具合がある場合は、必ず単重の変化があります。たとえば外観として、ひけやショートショットがあれば単重は軽くなり、バリがあれば単重は重くなります。寸法では、基準より多ければいずれかの寸法が大きく、少なければ小さいことになります。

要点 | **ノート**

製品の不良をなくすには工程管理が大切です。量産中、定期的なパトロールで確認する項目を紹介しましたが、現場で簡易的に確認するには、単重測定が最も有用です。

【4】効果的なメンテナンスの進め方

金型の日常管理と定期補修

❶日々の点検

　金型を使用し、量産していく中で、点検や管理を怠ると金型や製品の品質が悪くなる可能性があります。製品の数量が少なく成形機にセットしている時間が短いときや、数量が多く成形機から外すことができない場合などでも、日々の点検や管理を行うことは必須です。

　前述したように、日々の点検では限られたことしかできません。細部に至る管理は、自動車に車検があるように、定期的に金型をばらして（分解して）管理・補修を行うとよいでしょう。

❷定期補修の要点

　一口に定期的といっても、成形数量で決めるのか、それともロットごとか、あるいは期間を決めて行うかなどさまざまあります。一般的に多いケースは数ロットごとに管理・補修を実施することです。溶融ガスの多い樹脂などはロットごとに管理・補修します。これを行うときは、毎日の点検項目にも適用します。管理・補修の実施項目について、3つに大別して紹介します。

　表3-9は、モールドベースに関するチェック項目です。すべての項目の説明は割愛しますが、項目の1番目などは錆が成形中に飛散し、成形品の異物混入不良になります。そして、その錆がガイドピンやガイドブッシュにまで影響を及ぼすと、かじりの原因にもなるため注意が必要です。**表3-10**、**表3-11**に示す内容も合わせて実施し、金型管理を徹底します。

　チェック表に具体的な記載はありませんが、電気系統の故障によるケガや事故には注意が必要です。ヒーターやリミットスイッチ、センサー関連の配線、通電、漏電チェックなどは必ず行い、事故を未然に防ぐことが大切です。ただし当然ですが、電気は専門知識が必要のため安易に配線などは行わず、知識の深い免許を持った人が実施してください。

第3章 生産効率を高める射出成形の着眼点

表 3-9 モールド関連定期点検チェック表

	モールドベース関連定期点検項目	有	無
1	モールドベース全体に赤錆や異物は付着していないか		
2	モールドベース主要箇所に打痕やかじり、大きな損傷はないか		
3	ガイドピンやガイドブッシュにかじりや変形などはないか 周辺に異常はないか		
4	水穴やヒーター穴に変化はないか		
5	冷却回路で水漏れや詰まりなど異常はないか		

表 3-10 製品部関連定期点検チェック表

	製品部関連定期点検項	有	無
1	製品部押し切り部分などでダレやクラックなどはないか （スライド部分含む）		
2	入れ子製品部分やガス抜き（エアーベント）に異常はないか		
3	エジェクタピン穴や摺動面に異常はないか		
4	パーティング、スプルー、ランナー、ゲート部の形状に異常はないか		
5	冷却回路で水漏れや詰まりなど異常はないか		

表 3-11 金型部品関連定期点検チェック表

	金型部品関連定期点検項目	有	無
1	ロケートリングやスプルーブッシュに変形はないか		
2	リターンピンや、エジェクタピンにかじりや変形はないか		
3	各種スプリングに割れや変形はないか		
4	各種摺動部消耗品（ランナーロックピンやプラロックなど）で 交換部品はないか		
5	その他各種消耗品（Oリングやニップル、リミットスイッチなど）で 交換部品はないか		

要点 ノート

定期点検は金型細部の修理も兼ねて行うため、以降の成形パフォーマンスを維持することが可能になります。消耗部品は発注点を決め、一定の在庫を持つことで緊急時の対応を迅速にすることができます。

【4】効果的なメンテナンスの進め方

長期保管における金型の管理

❶錆への対処

　長期の定義は、1年以上金型を使用しない場合のことを指します。金型を長期保管する際の最大の注意点は、錆の問題です。湿気や寒暖差、溶融樹脂から発生するガスなどにより、金型全体に錆が出ます。それを防ぐために防錆剤を塗布しますが、防錆剤の種類によっては短期間しか効果がないものもあり、注意が必要です（図3-25、図3-26）。

　防錆剤の種類については、粉末ものや油性の液状のもの、皮膜を形成するものなど多々あります。一般に多く使用されるのは油性のスプレータイプです。この防錆剤は細部まで浸透しやすく、防錆効果は高いと言えます。保管期間が1年程度なら問題はないですが、それ以上になる場合は皮膜形成タイプが効果は高いです。また油性のスプレータイプでも、速乾燥性型はどちらかと言うと短期的な保管に使われます。このタイプは成形時に金型を洗浄する際、比較的容易に防錆剤を除去できることと、金型を扱うときにベタつかないメリットがあります（図3-27、図3-28）。

❷各部へのシーリング

　防錆剤の塗布により錆を出さないように対策していますが、これとプラスして考えなければならないことがあります。それはスプルー部分や水穴などの対策です。スプルー部分についてはノズルタッチ部分をシーリングし、製品部に異物が入らないようにする対策が必要です。水穴についても水穴内部を綺麗に洗浄して防錆剤を塗布し、入り口部分はホーローねじなどでふさぐことが肝要です。また、モールドベースのパート部分には隙間があり、スプルー部と同様、製品部に直接関係するためシーリングが不可欠です。

　以上のことから、金型を長期保管する場合は前述した点検項目をすべて行い、金型全体に防錆剤を塗布して主要部分をシーリングし、その後全体をラッピングすれば防錆効果が高まります（図3-29）。

第3章 生産効率を高める射出成形の着眼点

| 図 3-25 | グリスアップ |

| 図 3-26 | ガスや錆の除去後 防錆剤塗布 |

| 図 3-27 | エジェクタ穴清掃、摺動確認 |

| 図 3-28 | ガスヤニの除去 |

| 図 3-29 | 金型長期保管のフロー |

長期保管準備　防錆剤塗布

ノズル部シーリング

ロケートリング内部詰めもの

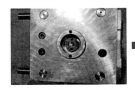
金型全体のラッピング

モールドパート部シーリング

水穴内部ホーローねじ止め

> **要点 ノート**
> シーリングには、布ガムテープや絶縁テープなどの使用は避け、粘着力の弱い養生用テープなどを適用します。剥がしたときに糊残りが少なく、ベタつかないため手間がかからず、糊カスも出ないので最適です。

【3 効果的なメンテナンスの進め方

成形機の点検と補修

　毎日の点検は、成形機が正常な状態で稼働し、生産に支障をきたさないことを目的に行います。具体的な点検項目としては、第一に安全装置（非常停止ボタン・リミットスイッチ・制御パネル）が正常に作動することや、安全ドア・保護カバーなど機械的安全装置の取り付けが正常であることが挙げられます。ほかにも、サーボモーターやタイミングベルト、開閉時のトグル部分などの動作に異常音がない、金型の締め付けボルトに緩みがない、低圧型締め（金型保護）装置の作動に異常がない、加熱筒頭部およびノズルタッチ面からの樹脂漏れがないことや、冷却水の通水状態を確認します。

❶定期的な管理と補修

　成形機を定期点検して補修することにより、トラブルを未然に防ぎ、現状でベストの状態で使用することを目的に行います。まず、機械の据え付けレベル（0.5mm/m以内）を確認します。据え付けレベルが正常でない場合は、平行移動など機械作動時に摺動部にかかる負荷圧が変動し、ギクシャクした動きになることがあります。そこで、年に1回など定期点検が必要です。

　型締め装置ではトグルアームやタイバー、ガイドバーなどのトグルピン、ブッシュの局部摩耗、型厚調整用のナット、ギヤの作動不良、また射出装置では加熱筒やスクリューのかじり、樹脂焼けの発生に注意しましょう。

　次に、金型取付面（固定盤と可動盤）の平行度の測定も重要です。測定にはインサイドマイクロメーターを使用し、**図3-30**に示すようにA・B・C・Dの4カ所を測定します。金型は、タイバー内面積（**図3-31**の太枠面積）の1/2以上の大きさのものを使用してください。

　固定盤・可動盤のタップ穴に損傷がないことの確認も大事です。タップ穴やボルトのねじ山が損傷した状態で使用すると、互いのねじ山に焼き付きが発生することがあります。したがってタップ穴は修正し、ボルトは定期的に交換しましょう。このほか制御関係の点検では、電磁接触器・ヒーターなどの絶縁抵抗を測定し、不具合があれば交換します。またスクリューチェック（3点セット）のバックフローテストは定期的に行い、不具合があれば交換します。精密成形品およびガラス入りの樹脂で成形する場合は、定期的な交換を推奨しま

第3章 生産効率を高める射出成形の着眼点

| 図 3-30 | 平行度測定 |

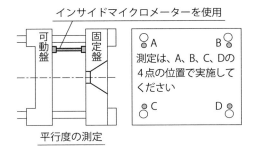

| 図 3-31 | 最小金型取り付け |

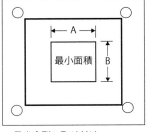

| 図 3-32 | 金型取付盤 |

| 図 3-33 | 型締め装置（内部） |

す。

❷長期停止における管理

　機械を長期停止する場合は、現状を維持するための管理が必要です。図3-32に示すように、成形機に錆の発生を防ぐ目的で防錆剤を塗布してください。錆が発生しそうな個所はすべて対処します。機械清掃では、図3-33に示す型締め装置の内部には、グリスやホコリが溜まりやすいので除去します。

　ホッパー下の冷却水は配管の中に滞留しているため、ホースを取り外して水抜きをします。水抜きを怠ると配管内に錆が発生し、回路が詰まることがあります。成形機には、ホコリなどが被らないように養生しておきます。

> **要点　ノート**
> 毎日の点検により成形機を正常な状態で稼働させ、定期補修で成形機がいつもその時点のベストの状態で生産が行えるようにします。長期停止時には、錆を発生させないことや現状を維持することを考えた管理が必要です。

【4】効果的なメンテナンスの進め方

付帯設備の点検と保守

　毎日の点検は、周辺機器が正常な状態で稼働し、生産に支障をきたさないようにする目的で行います。点検項目は、安全装置や制御パネルなどが正常に作動すること、取出機・温調機ではホースからのエアー漏れや水漏れがないこと、各周辺機器のモーター・ポンプの作動中に異音がないこと、などが挙げられます。取出機の場合は、インターフェイスに不具合があると金型にモノをはさんで損傷を与えることもあるため、抜かりなく点検します。

❶定期的な管理と補修

　付帯設備を常に正常な状態で稼働させることに加え、定期点検の実施により不具合箇所を早期発見し、補修することでトラブルを未然に防ぐものです。各周辺機器とも、安全装置の確認や絶縁抵抗などを測定し、不具合などがあれば部品交換などを進めます。

①金型温調機

　冷却ホースの点検が中心です。ホースの硬化および割れなどが見つかれば交換します。また、ポンプ圧力（吐出圧）の調整が可能かどうかも確認すべきです。圧力が可変できないときは、ポンプが劣化している可能性があります。冷却水のＹ型ストレーナーも定期的に清掃をしましょう。

②取り出し機

　エアーホースやキャップタイヤの硬化、割れ、およびショックアブソーバーのゴムなどに損傷があれば交換します。インターフェイスの点検をして正常であることをチェックします。タイミングベルトに緩みやキズがないことを確認し、不具合があれば調整か交換を検討します。

③乾燥機（ホッパードライヤー）

　ブロワーモーターのフィルターが汚れていれば清掃し、劣化していれば交換します（**図3-34**）。清掃を怠ると、フィルターのゴミが乾燥している原料（樹脂）に混入し、成形品に異物として現れます。

④粉砕機

　粉砕用の刃が欠けていないかを確認し、損傷があれば刃を研磨します。欠けたまま使用していると同じ箇所が欠けやすくなり、欠けた金属が成形品に混入

154

| 図 3-34 | ホッパードライヤー | | 図 3-35 | 粉砕機（内面） |

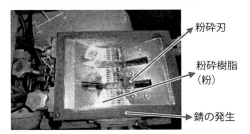

し、異物として現れます。

⑤その他の装置

　コンベアはベルトのテンションや損傷などを確認し、不具合があれば調整か交換します。コンプレッサーは、圧力タンクの圧力スイッチや安全弁の作動確認をし、ドレン（水抜き）を行います。コンプレッサーの安全弁は、圧力スイッチに異常が発生した際に作動します。また、ドレン（水抜き）を怠ると圧力タンク内に錆が発生する要因となります。

❷長期停止における管理

　付帯設備を長期停止するときは、次に設備を稼働する際、正常に作動できることを前提に管理します。乾燥機（ホッパードライヤー）やホッパーローダー、粉砕機などの付帯設備を停止するときは、樹脂の乾燥や粉砕でタンク内および刃の隙間に樹脂の粉が残っているため、必ず清掃が必要です。粉をそのままにしておくと、水分を吸収して錆の発生原因となります（図3-35）。

　また金型温調機は配管・ホース内の水抜きをし、ホースはジョイントからはずして保管します。水抜きをしないと冬場に凍結による配管・ポンプなどの破損、配管内の錆による腐食が発生します。取出機については、ガイドレールなどに付着するグリスやゴミを除去し、グリスを給脂します。付帯設備も、錆防止のための同様に処置します。粉砕機など上部に開口部がある付帯設備に関しては、開口部に蓋をして内部にモノが落ち込まないようにするほか、ホコリやゴミなどが被らないようにシートなどで保護すべきです。

> **要点 ノート**
> 毎日の点検により、付帯設備を正常な状態で稼働させ、定期補修でトラブルを未然に防ぐのは成形機と同様です。常にベストな状態で使用できるよう、長期停止時は清掃・水抜きを実施し、防錆剤などを塗布しておきましょう。

コラム

● 成形条件における不確定性 ●

　射出成形における成形条件の基本は、温度と圧力、速度です。具体的には、温度としては樹脂温度と金型温度、圧力は樹脂圧力（射出圧力）と型締め力、速度は射出速度です。これらは、成形機および付帯設備として設置された装置により、測定された数値を条件として設定しています。

　ただし、それらから提供される数値は、本当に知りたい数値ではありません。外部に温度計が設置された金型を見かけることはありますが、キャビティに温度計が設置されたものは皆無です。本当に知りたい金型温度は、キャビティ付近の温度です。その温度は、樹脂の流入時と冷却過程、冷却管からの距離、冷却管を流れる冷媒の温度、流速、流量、金型材質、キャビティ内の位置によって異なります。成形条件での金型温度は、温調器の設定温度を条件に代替しているのが実情です。すなわち、不確定な条件で成形されているのです。

　これらと同様に、キャビティ内圧や型締め力の常時確認、射出速度におけるプログラム制御などについても同様です。

　こうした不確定要素に対し、これまでも実際の数値を確認しようとする試みは多く行われてきました。それらのテストでは一応の成果が得られ、実成形でも参考にされています。しかし、成形で使用される樹脂材料の種類は非常に多く、それ以上に成形メーカーで成形されている成形品の数、形状の実数はわかりません。したがって、成形に使用される成形機や金型などのすべてに、テストで使用されたセンサー類を設置することは不可能です。

　このように不確定な条件が多いのに、成形メーカーで生産されている成形品は、金型が一応できていれば、経験則で成形してほぼ合格に近い成形品ができるのはなぜでしょうか。技術というものは本当に奥深いものです。

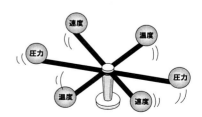

索 引

【 索 引 】

数・英 s

２色成形機	45
３Dプリンティング品	69
３次元測定器	105
ACサーボモーター	44
ISO	72
JIS	72
L/T（肉厚と流動距離）	88
P-V-T曲線	88
Ｔ溝プレート	126
V-P切換位置	95

あ

アジャストボルト	48
アスペクト比	18
圧力損失	94
油媒体	120
アンギュラピン	58
安全性データシート（MSDS）	69
安全装置	152
アンダーカット	58
イオナイザー	122、124
異方性	18
色替え	130
色ムラ	102
インサート成形	44
インサイドマイクロメーター	152
インターフェイス	154
インターロック	45
インラインスクリュー式	134
内スライド	58
永久ひずみ	84
液晶ポリマー（LCP）	19
エジェクタピン	62
エジェクト装置	44
エッチング	142
エネルギー弾性	24
エントロピー弾性	24
応力緩和	80、84
応力集中	82
オーバーパック	45
温度設定	98

か

カートリッジヒーター	60
外観品質	112
回転パージ	130

かしめ	75
荷重たわみ温度	73
過充填	97
加水分解	38、73
数平均分子量	37
ガスベント	53、64
可塑化	8、86
型厚調整装置	44
型締め力（Ton数）	44
滑剤	42
可動盤	44、100、101
金型温調器	50
加熱収縮率	20
加熱筒	44
カラードペレット	116
ガラス繊維	18
ガラス転移温度	70
ガラス転移点	10、70
環境安全	68
環境劣化	68
嵌合品	116
乾燥機（ホッパードライヤー）	50
飢餓供給	8
幾何公差	78
気化性防錆剤	127
基準ゲージ	105
基準線	88
基準点	88
基準面	88
擬塑性流動	26
逆流防止リング	130
キャップタイヤ	154
キャピラリー（毛管）流動	108
キャピラリーレオメーター	22
強化材	40
強酸性薬品	73
筐体	72
強度品質	112
許容限界	112
キンク	127
銀条	102
クッション量	96
屈折率	134
クラック	140
クリープ	73
クリープ破壊	73
クリープ変形	73

158

グリーン調達調査共有化協議会	43	シボ加工	142
クリ鍔つきカートリッジヒーター	61	シボ目	142
クレージング	140	射出・計量画面の例	99
傾斜ガイドブロック	59	射出成形機	44
傾斜ピン	58	射出ユニット	44
携帯型情報機器	42	終期流動最適粘度	29
計量パージ	130	重合度	28
ゲート	54	分子量	28
ゲートカット	56	周速	95
ゲートシール時間	20、94	充填材	40
結晶化度	20、143	周波数	31、121
結晶性樹脂	10	重量平均分子量	37
結晶造核剤	42	主鎖	10、24
結晶融点	70	潤滑性	66
限界ゲージ	105	ショートショット	45
限界水分率	117	ショートショット法	140
検定済品	113	初期流動最適粘度	29
限度見本	112	除湿乾燥機	50
工具顕微鏡	105	ショックアブソーバー	154
勾配	66	除電能力	124
高分子鎖	24	真円度	78
合流点（ウェルドライン）	67	シングル段取り	122
コーティング	53	靭性	22
固化時間	103	真直度	78
固化層（スキン層）	18	振動吸収特性	19
固定盤	44	水準器	48
コロナ放電式	124	スクリュープリプラ式	134
コンセントレート	116	スクリューヘッド	130
コンベア	124	スケール	120
コンベックス	122	スタッキング	132
		ストッカー	124
		ストックコンベア	124
さ		ストリッパプレート	62
		ストレスクラック	71
サージ圧	95	スパイラルフロー	13
サーミスタ	98	スプルー	54
サイドゲート	56	スプルーダイレクトゲート	56
サイドコア（スライド）	58	スリーブピン	62
材料替え	130	スリング	127
サックバック	47	寸法公差	112
サブマリンゲート	56	寸法品質	112
差別化	40	静荷重	113
酸化防止剤	42	成形収縮	38、66
酸化劣化	8	静電気除去装置	124
残留応力	17、82	製品寿命	68
残留ひずみ	67、82	整列機	122
シールリング	130	設計品質	110
紫外線吸収剤	42	せん断	8
紫外線劣化	81	せん断応力	108
直止め	126	せん断速度	28
自己潤滑性	66	せん断速度依存性	30
自在式	122	せん断熱	98
自動インサート成形	122	全電動サーボ機	44
自動金型交換	127		

線膨張係数	72	ドライカラーリング	116
線膨張率	19、38	ドライサイクル	132
側鎖	24	取出機	50
		ドレン（水抜き）	155
た		ドローリング	102
耐アーク性	134	トンネルゲート	56
耐候性	38		
耐光性	134	**な**	
体積収縮度	20	ナチュラル材	116
帯電	81	難燃化	10
帯電防止剤	42	難燃剤	42
耐熱温度	134	肉盗み	74
耐燃焼性	80	ニュートン流体	22
タイバー	46	抜き勾配	75
タイバー間隔	90	熱安定剤	42
ダイプレート型	46	熱安定性	66
タイミングベルト	44、48	熱可塑性ポリマー	36
耐薬品性	80	熱硬化性ポリマー	36
耐有機溶剤性	134	熱交換器	135
ダイラタンシー	108	熱伝導率	72、81
ダイラタント流体	26	熱変形温度	134
滞留時間	8	熱劣化寿命	73
ダッシュポット	22	粘性ひずみ	84
ダレ	149	粘弾性	16、84
弾性ひずみ	84	ノックアウトピン	62
弾性率	67		
断熱圧縮	128、140	**は**	
断熱板	119	パージン剤	51
タンブラー	40、116	パーツフィーダー	122
チクソトロピー	108	パーティング	52
着色剤	42	パーティングライン	52
チャック板	122	バーフロー	13
長鎖分岐構造体	32	配向	37
調質	143	配合剤	40
貯蔵弾性率	30	配向性	18
チラー（冷凍機）	118	ハイブリッド成形機	44
ティーチング	132	破断ひずみ	72
ディスクゲート	56	バックフローテスト	152
デーライト寸法	90	発熱体	81
テールストック	46	ハナタレ	47
適合品質	110	バラス効果	22
添加剤	40	パラメーター	132
電極針	124	半自動運転	44
電磁弁	120	ヒートシンク	142
電動式	134	比較温度指数（RTI）	73
電力ワット密度（W/cm²）	60	光安定剤	42
投影機	105	ひけ	38
動的振動負荷速度	31	非晶性樹脂	10
動的粘弾性測定装置	22	ひずみ曲線	22
導電材	43	非線形的	26
毒性	69	非ニュートン流体	108
トグルアーム	44、46	非ニュートン流動	26

ビヒクル（展色剤）	41	**ま**		
皮膜形成タイプ	150	マスターバッチ		116
表面電位測定器	124	ミクロブラウン運動		24
疲労強度	66	無機フィラー		18
疲労限度応力	73	メガネレンチ		118
品質パトロール	146	メルトボリュームレイト（MVR）		12
品質保証	111	メルトマスフローレート（MFR）		12
ピンポイントゲート（ピンゲート）	57	モールドベース		52
ファウンテンフロー	15	モノマー		36
ファンゲート	56			
フィブリル化	19	**や**		
フィルムゲート	56	焼き入れ		53
プーリー	44	油圧式		134
複合プラスチック	38	油圧成形機		44
賦形	137	有機高分子		36
フラッシュゲート	56	有機物質		36
プラテン寸法	90	融点		10
プラロック	149	揚程		121
プレポリマー	36	溶融樹脂挙動（レオロジー）		64
ブレンドオイル	116	溶融粘度		8
プログラム制御	14、140	溶融粘度―せん断速度		74
ブロワーモーター	154			
分岐構造体	33	**ら**		
分岐度	32	ランナー		54
粉砕機	51	ランナーロックピン		149
粉砕材	51	離型性		66
分子鎖	16、28	リターンピン		62
分子配列状態	70	流動圧		94
分子量	36	流動解析（CAE）		54
分子量分布	28	流動抵抗	64、140	
平均分子量	36	リングゲート		56
平衡状態	18	冷温調機		120
平面度	78	冷却回路		14
ヘジテーション（ためらい現象）	16	冷媒		98
ベルトテンション	48	劣化		80
ペレタイザー	40	レベル座		48
ペレット	40	漏電		81
変形速度（ひずみ速度）	72	ロータリー成形機		45
ベンゼン環	28	ロッキングブロック		58
防振ゴム	48			
放熱性	81	**わ**		
ホースニップル	120	ワイゼンベルク効果		22
ホースバンド	120	ワイヤーロープ		127
ボールねじ	44、134	ワンタッチカプラー		
ホーローねじ	150	（プラグ／ソケット）		120
保管環境温度	143	ワンタッチ接手		120
補償流入	102			
ホットランナー仕様の金型	130			
ホッパードライヤー	50			
ホッパーローダー	51			
ポリマー	36			
ポリマーアロイ	38			
ポリマーコンポジット	38			

執筆者一覧（五十音順）

今井建彦（いまい たつひこ）
PHA 登録会員

大竹秀男（おおたけ ひでお）
PHA 登録会員

城戸直道（きど なおみち）
PHA 登録会員、インテコ・テクノロジー・ネットワークス 代表

後藤昌生（ごとう まさお）
PHA 個人正会員

田中秀穂（たなか ひでほ）
PHA 個人正会員（理事）

月山愛二郎（つきやま あいじろう）
PHA 個人正会員（理事長）

二井克憲（ふたい かつのり）
PHA 賛助会員、フタイ FT 代表取締役社長

本間精一（ほんま せいいち）
PHA 個人正会員（理事）、本間技術士事務所 代表

編者紹介

ものづくり人材アタッセ

NPO法人ものづくり人材アタッセ（略称：PHA）は、当初プラスチック業界（企業・公設機関・大学など）の退職者（登録会員）を中心に組織され、「プラスチック人材アタッセ」として2004年5月にNPO法人として認証されました。その後、支援先を他業界にも広げるために、名称を2017年8月より上記に変更しています。
当NPOの目的は、退職者（登録会員）の豊富な知識、経験や技術、熟練技能を活かし、中小・中堅企業の経営や技術面への支援によりその発展に寄与することです。

連絡先：〒540-0029　大阪市中央区本町橋2-5　マイドームおおさか6F
　　　　TEL：06-4792-7112　FAX：06-4792-7333
　　　　e-mail：pha11703211@npo-pha1.sakura.ne.jp
　　　　URL：http://npo-pha1.sakura.ne.jp/

NDC 578.46

わかる！使える！射出成形入門
〈基礎知識〉〈段取り〉〈実作業〉

2018年8月30日　初版1刷発行　　　　　　　定価はカバーに表示してあります。
2023年5月31日　初版2刷発行

©編者	ものづくり人材アタッセ	
発行者	井水 治博	
発行所	日刊工業新聞社	〒103-8548 東京都中央区日本橋小網町14番1号
	書籍編集部	電話 03-5644-7490
	販売・管理部	電話 03-5644-7410　FAX 03-5644-7400
	URL	https://pub.nikkan.co.jp/
	e-mail	info@media.nikkan.co.jp
	振替口座	00190-2-186076
印刷・製本	新日本印刷（POD1）	

2018 Printed in Japan　　落丁・乱丁本はお取り替えいたします。
ISBN　978-4-526-07868-2　C3053
本書の無断複写は、著作権法上の例外を除き、禁じられています。

日刊工業新聞社 わかる！使える！【入門シリーズ】

◆ "段取り"にもフォーカスした実務に役立つ入門書。
◆ 「基礎知識」「準備・段取り」「実作業・加工」の "これだけは知っておきたい知識" を体系的に解説。

わかる！使える！マシニングセンタ入門
〈基礎知識〉〈段取り〉〈実作業〉

澤 武一 著
定価（本体1800円+税）

第1章 これだけは知っておきたい 構造・仕組み・装備
第2章 これだけは知っておきたい 段取りの基礎知識
第3章 これだけは知っておきたい 実作業と加工時のポイント

わかる！使える！溶接入門
〈基礎知識〉〈段取り〉〈実作業〉

安田 克彦 著
定価（本体1800円+税）

第1章 「溶接」基礎のきそ
第2章 溶接の作業前準備と段取り
第3章 各溶接法で溶接してみる

わかる！使える！プレス加工入門
〈基礎知識〉〈段取り〉〈実作業〉

吉田 弘美・山口 文雄 著
定価（本体1800円+税）

第1章 基本のキ！ プレス加工とプレス作業
第2章 製品に価値を転写する プレス金型の要所
第3章 生産効率に影響する プレス機械と周辺機器

わかる！使える！接着入門
〈基礎知識〉〈段取り〉〈実作業〉

原賀 康介 著
定価（本体1800円+税）

第1章 これだけは知っておきたい 接着の基礎知識
第2章 準備と段取りの要点
第3章 実務作業・加工のポイント

お求めは書店、または日刊工業新聞社出版局販売・管理部までお申し込みください。

日刊工業新聞社 〒103-8548 東京都中央区日本橋小網町14-1 TEL 03-5644-7410
http://pub.nikkan.co.jp/ FAX 03-5644-7400